Innenansichten zur Wissenschaftsgeschichte

# Berliner Beiträge
# zur Wissens- und Wissenschaftsgeschichte

Begründet von Wolfgang Höppner

Herausgegeben von Lutz Danneberg
und Ralf Klausnitzer

Band 15

| | |
|---|---|
| *Zu Qualitätssicherung und Peer Review der vorliegenden Publikation* | *Notes on the quality assurance and peer review of this publication* |
| Die Qualität der in dieser Reihe erscheinenden Arbeiten wird vor der Publikation durch beide Herausgeber der Reihe geprüft. | Prior to publication, the quality of the work published in this series is reviewed by both of the editors of the series. |

Rainer Rosenberg

# Innenansichten zur Wissenschaftsgeschichte

Vorläufige Bilanz eines Literaturwissenschaftlers

**Bibliografische Information der Deutschen Nationalbibliothek**
Die Deutsche Nationalbibliothek verzeichnet diese Publikation
in der Deutschen Nationalbibliografie; detaillierte bibliografische
Daten sind im Internet über http://dnb.d-nb.de abrufbar.

Umschlagabbildung:
© Johanna Rosenberg

Gedruckt auf alterungsbeständigem,
säurefreiem Papier.

ISSN 1867-920X
ISBN 978-3-631-64929-9 (Print)
E-ISBN 978-3-653-04012-8 (E-Book)
DOI 10.3726/978-3-653-04012-8

© Peter Lang GmbH
Internationaler Verlag der Wissenschaften
Frankfurt am Main 2014
Alle Rechte vorbehalten.
Peter Lang Edition ist ein Imprint der Peter Lang GmbH.

Peter Lang – Frankfurt am Main · Bern · Bruxelles · New York ·
Oxford · Warszawa · Wien

Das Werk einschließlich aller seiner Teile ist urheberrechtlich
geschützt. Jede Verwertung außerhalb der engen Grenzen des
Urheberrechtsgesetzes ist ohne Zustimmung des Verlages
unzulässig und strafbar. Das gilt insbesondere für
Vervielfältigungen, Übersetzungen, Mikroverfilmungen und die
Einspeicherung und Verarbeitung in elektronischen Systemen.

Dieses Buch erscheint in der Peter Lang Edition
und wurde vor Erscheinen peer reviewed.

www.peterlang.com

# Vorwort der Reihenherausgeber

Wissenschaft erzeugt Wissen. Was wie ein Gemeinplatz klingt, enthält eine Vielzahl von frag-würdigen Implikationen: Was ist „Wissenschaft"? Wie „erzeugt" sie Wissen? Und was ist „Wissen" überhaupt? – Diese weitreichenden Fragen sind an dieser Stelle nicht einmal ansatzweise zu entfalten oder gar zu beantworten. Als sicher kann wohl gelten, dass die vielfältigen Prozesse des Erzeugens und Weitergebens von Wissen etwas mit Menschen und sozialen Beziehungen zu tun haben: Es sind in erster Linie *Wissenschaftler*, die als *forschende* und *lehrende*, *lesende* und *schreibende Personen* gesicherte Erkenntnisse formulieren und weitergeben, diskutieren und modifizieren, kanonisieren und verwerfen. In ihren kommunikativen Interaktionen spielen die auf spezifischen Regeln und Normen beruhenden Verfahren der Vermittlung von Geltungsansprüchen an andere Wissenschaftler eine ebenso wichtige Rolle wie die Behauptung und Begründung ihrer Einsichten. Um es knapp zu sagen: Die theoretisch angeleitete und methodisch regulierte Suche nach gerechtfertigter Erkenntnis wird durch Personen vollzogen, die – aus durchaus unterschiedlichen Gründen – *wissen wollen* und neben Prozeduren und Techniken vor allem *Einstellungen* und *Überzeugungen* entwickeln, die (zumindest dem Anspruch nach) Universalismus, Uneigennützigkeit und „organisierten Skeptizismus" (Robert K. Merton) vereinigen.

Wissenschaft realisiert sich immer auch in Institutionen sowie mit Praktiken und Formaten, in und mit denen Wissenschaftler die von ihnen gewonnenen Erkenntnisse darstellen und plausibilisieren, um andere Wissenschaftsakteure überzeugen zu können. Mit der Akzeptanz ihrer Einsichten verbinden sich Anerkennung und Reputation, symbolische Gratifikationen (und manchmal auch ökonomische Gewinne).

Wissenschaftler bilden schließlich *Lebensformen* aus, die mehr sind als nur Beschäftigungsverhältnisse an dauerhaften Einrichtungen wie Universität oder Akademie: In komplexen Prozessen der Unterweisung und Imitation vermittelt und eingeübt, verbindet der „Beruf der Wissenschaft" ein besonderes, zeitinvestives und enttäuschungsresistentes Aufmerksamkeitsverhalten mit grundlegenden *Werten*, die das eigene Tun als richtig und sinnvoll erscheinen lassen.

Alle diese Aspekte des wissenschaftlichen Lebens sind Gegenstand von Reflexionsprozessen, die mit der Formierung von Wissenschaft entstehen. Schon Aristoteles begründet die Suche nach Erkenntnis in einer anthropologischen Konstante („Alle Menschen streben von Natur aus nach Wissen", Metaphysik I, 1); und er stellt die vor ihm formulierten Auffassungen dar. Zugleich verweist er auf die variantenreichen Vorgänge des Wissenstransfers und stellt Überlegungen zur Ursache unterschiedlicher Lehren an. Und auch wenn sich in der späteren Wissenschaftsentwicklung disziplinäre Differenzierungsprozesse und historische Reflexion zu entkoppeln scheinen und namentlich die Natur- und Technikwissenschaften ein eher museal inventarisierendes Interesse an der eigenen Vergangenheit kultvieren, bleibt die Erzeugung wissenschaftlichen Wissens untrennbar mit der aktiven Selbstreflexion des eigenen Tuns und seiner Verortung in Traditionen verbunden.

Doch welche Zugänge zur Geschichte des eigenen Tuns hat die Wissenschaft? Worauf können sich historische Rekonstruktionen der Wissenschaftsentwicklung stützen? Und wie lassen sich diese Geschichten des Wissens erzählen?

Die Quellen, aus denen die Wissenschaftsgeschichtsschreibung schöpfen kann, sind vielseitig. Einerseits sind es die autorisierten, durch Abschrift bzw. Buchdruck dauerhaft tradierten Darstellungen, in denen Wissenschaftler ihre Erkenntnisse niederlegen und in die Kommunikation der *scientific community* einspeisen. Die Formate dieser Darstellungen zur Fixierung von Wissensansprüchen sind ebenso vielfältig wie die in ihnen verwendeten Strategien und Verfahren; ihr Spektrum reicht von Platons Dialogen bis zum Beitrag im Sammelband; von der Monographie bis zur Miszelle. Den Umgang mit diesen Texten erlernen aktive Wissenschaftler in verschiedenen ‚Umgebungen' und mit unterschiedlichen Praktiken, zu denen neben historisch variierenden Lektüre- und Disputationstechniken auch die Anfertigung von Exzerpten sowie das Verfassen von Rezensionen und Entgegnungen gehört. – Die *ex post* beobachtende Wissenschaftshistoriographie hat ihre eigenen Umgangsformen mit diesen Texten entwickelt: Sie rekonstruiert die Bedingungen der Genese und Geltung sowie die Bedeutungshorizonte wissenschaftlicher Aussagen, indem sie die Problemzusammenhänge ermittelt, in denen diese entstanden und auf die sie in spezifischer Weise antworteten. Hermeneutische Umgangsformen mit wissenschaftlichen Texten und ihren Kontexten bilden dafür eine wesentliche – und noch weiter zu reflektierende – Grundlage.

Neben Veröffentlichungen und Instrumenten (in die Bestände eines artefakt-genetischen Wissens eingehen) produzieren Wissenschaftler eine Fülle von weiteren Texten und Materialien: Sie exzerpieren und notieren sich Lesefrüchte sowie Ideen; sie tauschen sich in Briefen oder E-Mails mit Kollegen und Freunden aus; und sie kommunizieren mit Institutionen der Forschungsförderung (vor allem um die dünnen Fäden öffentlicher Subventionen zu erhaschen oder zu verlängern). Auch diese Texte – die in spezifischer Weise zur Formulierung oder Lösung von wissenschaftlichen Problemen beitragen können – sind relevante Zeugnisse für die Wissenschaftsgeschichte. Ihre Auswertung macht ebenfalls besondere Umgangsformen erforderlich: Als Dokumente, die nicht notwendig mit der Absicht der Veröffentlichung angefertigt wurden, unterliegen sie eigenen Regeln der Darstellung und Argumentation; als Belege informeller Kommunikation sind sie immer auch Residuen nicht öffentlicher oder invisibilisierter Intentionen.

Eine besondere Quelle der Wissenschaftsgeschichtsschreibung stellen schließlich jene Dokumente dar, in denen Akteure der Erkenntnisproduktion öffentlich Rechenschaft über ihr Tun ablegen. Auch diese Quellen sprudeln reichlich und in verschiedenen Formen: Es gibt knappe autobiographische Reminiszenzen und episch breite Erinnerungen; kleine Nachspiele und bittere Rückblicke. – Wenn Wissenschaftler über sich und ihr wissenschaftliches Tun schreiben, kann es aus mehreren Gründen von Interesse sein. Zum einen zeigen sie an und mit dem eigenen Lebenslauf, wie man wurde, was man ist: Sie dokumentieren die vielfältigen sozialen und kognitiven Prägungen, die zur Ausbildung der wissenschaftlichen *persona* beitrugen und also ihre spezifische Weise der Wissensproduktion konditionierten. Autobiographische Aufzeichnungen können zeigen, wie Wissenschaftler ihre Forschungsinteressen ausbildeten und Material suchten, sammelten, sortierten. Sie belegen die Wirkung prägender akademischer Lehrer und den Austausch mit Kollegen; zeigen die vielfältigen Verflechtungen der Wissenschaft mit gesellschaftlichen Veränderungen und kulturellen Bewegungen. So erhellen sie jene Elemente der wissenschaftlichen Praxis, die im „Betriebsmodus" des Forschens und Lehrens nur schwer sichtbar und rekonstruierbar sind.

Doch können autobiographische Erinnerungen von Wissenschaftlern auch zum Risiko werden: Die Reflexion der eigenen Prägungen ist – wie jedes

Sprechen über sich selbst – nicht vor den Gefahren der subjektiven Verzeichnung gefeit; was dem beteiligten Akteur als besondere und erzählenswerte Leistung gilt, kann dem zeitgleichen oder späteren Beobachter anmaßend oder langweilig sein.

Diesen Gefahren ist der Autor der nachfolgenden Erinnerungen glücklich ausgewichen. Und zwar aus mehreren Gründen. Zum einen umfasst diese Bilanz von Rainer Rosenberg eine Zeit weitreichender gesellschaftsgeschichtlicher und wissenschaftshistorischer Umbrüche: Die Aufzeichnungen stellen ein Zeugnis jener mehrfach dimensionierten Transformationsprozesse dar, mit denen die Wissenschaftslandschaft an den historischen Zäsuren 1949 und 1989 neu geordnet und umgebaut wurden. Rainer Rosenbergs Innenansichten der Wissenschaftsgeschichte sind also keineswegs langweilig, sondern im Gegenteil überaus interessante und lesenswerte Einblicke in Vorgänge, deren ganze Tragweite erst später einzusehen sein wird. Zum anderen ist seine Bilanz kein abschließendes Urteil. Sie stellt sich der Möglichkeit späterer Revisionen und zeigt auch damit ein wissenschaftliches Ethos, das die Bedingungen der Erkenntnisproduktion ebenso reflektiert wie ihre Unabschließbarkeit.

Aus diesen Aufzeichnungen kann der interessierte Leser also viel lernen: Nicht nur über die Sozialisationsbedingungen eines bedeutenden Literaturwissenschaftlers, der unter anderem als Erforscher der Literatur des Vormärz wie als Mitherausgeber der *Zeitschrift für Germanistik* wirkte, sondern auch über die Prägungen einer Wissenschaftsgeschichtsschreibung, um deren Entwicklung Rainer Rosenberg sich in vielfacher Weise verdient gemacht hat. Ohne ihn und die wichtigen Impulse, die er an seine zahlreichen Leser in Ost und West, an seine Kollegen und Freunde am Zentralinstitut für Literaturgeschichte und am Zentrum für Literaturforschung sowie an seine verschiedenen Schüler weitergab, hätte es die Beschäftigung mit der Geschichte der Germanistik in dieser Form nicht gegeben.

Berlin und Hamburg, im November 2013   Lutz Danneberg, Ralf Klausnitzer

# Vorwort des Autors

Wer über sechzig hat nicht schon einmal versucht, die Bilanz zu ziehen aus dem gelebten Leben? Die meisten machen das ganz für sich und nur in Gedanken. Einige müssen aber auch bald gemerkt haben, dass man es aufschreiben muss, weil das, was man nur denkt, oft im Ungefähren bleibt. Erst im Schreibvorgang stellt sich der Zwang ein, nach den Wörtern zu suchen, die Worte zu finden, die dem Gemeinten am nächsten kommen. Andererseits imaginiert, wer schreibt, unwillkürlich den Leser. Woraus folgt: Der Autobiograph wird, wenn er sich entschieden hat, seine Bilanz in Schriftform auszuführen, den Text in der Regel auch drucken lassen wollen. Da das aber nur wenige in der Absicht tun, ihre Fehler und Schwächen publik zu machen, erhält der Text meist auch eine Rechtfertigungsfunktion. Das heißt: Der Autor unterwirft, was er über sich schreibt, der Selbstzensur. Er wird vielleicht einiges aus dem Leben des Ich-Helden, das ihn kompromittieren würde, unerwähnt lassen, Unangenehmes, das er nicht verschweigen kann, so darzustellen versuchen, dass es seinen Ruf nicht schädigt. Gelingt es ihm nun, seinem Text eine Form zu geben, die dem Leser den Eindruck eines im Großen und Ganzen gelungenen Lebens vermittelt, kann er guten Mutes damit an die Öffentlichkeit gehen. Er hat – ein weiterer Beweggrund, Memoiren zu schreiben – getan, was einer tun kann, damit man ihn so im Gedächtnis behält, wie er es gern hätte. Das soll nicht heißen, dass Memoiren generell nicht wert seien, gelesen zu werden. Man muss die Selbsteinschätzung ihres Autors ja nicht teilen. Der Leser wird immerhin einiges über die Mentalität und den Charakter des Autors erfahren, sich ein Bild von ihm machen können, und aus dem Text womöglich noch etwas über die Gesellschaft und die Zeit lernen, aus der er berichtet.

Politiker, Sportler, Wissenschaftler oder Künstler wissen, wenn sie über sich schreiben oder schreiben lassen, dass die Bilanz bei diesen Personengruppen in erster Linie eine Leistungsbilanz zu sein hat. Das Interesse größerer Leserkreise an den Erinnerungen von Filmstars, Fußballspielern, Popsängern und Entertainern mag dabei mehr von deren medialer Präsenz herrühren – man kennt sie schon aus dem Fernsehen und den Boulevardblättern, die uns über ihr Privatleben und, wo Leistungen sind, auch über ihre Leistungen informieren. Während Politiker in Spitzenpositionen und eine größere Zahl von Künstlern mit der letztgenannten Gruppe gemein haben, dass ‚man' sie schon kennt, trifft das im Ergebnis der fortschreitenden Spezialisierung und des Aussterbens der letzten Generalisten nur noch auf verhältnismäßig wenige Wissenschaftler zu – in den Naturwissenschaften vor allem auf diejenigen, die sich der allgemeinverständlichen Darstellung ihres Forschungsfelds hingeben. Dagegen haben die aktuellen, die disziplinäre Ausdifferenzierung überbrückenden Paradigmen der Kulturwissenschaft und der Wissensforschung die mit ihnen Arbeitenden kaum bekannter gemacht, weil die bisherigen Resultate ihrer Arbeit meist keine Einzelleistungen sind und nicht auf Popularisierung ausgehen.

So kommt es, dass in den Wissenschaften allgemein und also auch in der Literaturwissenschaft, dem langjährigen Arbeitsgebiet des Verfassers vorliegenden Textes, selbst die Namen der in den einzelnen Fachgebieten tonangebenden Forscher oft nur den Fachgenossen bekannt sind. Dementsprechend kommen als Leser für die Forschungsarbeiten eines Wissenschaftlers in erster Linie auch die Vertreter seines Fachs in Frage. Und unter diesen Umständen ist es nicht verwunderlich, dass in Wissenschaftler-Autobiographien häufig die Mitteilungen über den akademischen Werdegang des Schreibers, die Menge und den Charakter seiner Publikationen (einschließlich der diesen gewidmeten wohlmeinenden Rezensionen), seine Gastprofessuren an renommierten Auslandsuniversitäten und – nicht zu vergessen – die Anzahl seiner Schüler und Doktoranden im Mittelpunkt stehen und das Private dahinter zurücktritt. Ausnahmen hiervon bilden natürlich die Erinnerungen oder Tagebuchaufzeichnungen von Wissenschaftlern, die von Eingriffen der Politik in das Persönliche und Private existentiell bedroht waren, wie das nach 1933 bei den Verfolgten des Naziregimes – man denke etwa an Hans Mayer oder Victor Klemperer [1] – der Fall war. Doch auch die meisten dieser Autoren verzichten nicht darauf, Auskunft über ihre wissenschaftliche Arbeit zu geben. R., wie der Schreiber in diesem Text genannt wird, wollte die Bezugnahme auf seine Veröffentlichungen nicht unterdrücken, weil sie den in einer Art Selbstanalyse-Versuch geschilderten Verlauf des von ihm zurückgelegten

---

1 Vgl. z. B. Hans Mayer, *Ein Deutscher auf Widerruf. Erinnerungen*, 2 Bde., Frankfurt/M. 1982, oder: Victor Klemperer, *Tagebücher 1933 – 1945*, Berlin 1999.

Weges bestätigen. Dass das Persönliche in R.s Text dessen ungeachtet breiteren Raum einnimmt als in manchen anderen Wissenschaftler-Memoiren, erklärt sich aus dem individuellen Anstoß zur Entstehung dieses Textes. Geht doch R.s Entschluss, die anstehende – vorläufige – Lebensbilanzierung jetzt vorzunehmen, auf die Erfahrung einer zunehmenden Selbstentfremdung zurück. Auf die Erfahrung, dass der junge Mann, der vor sechzig Jahren sein Universitätsstudium begann, der Mann mittleren Alters, der vor vierzig Jahren sein erstes Buch schrieb, unzweifelhaft er selbst gewesen ist, obwohl R. heute, wenn er sich dieser oder anderer Lebensereignisse erinnert, im ersten Augenblick oft einem Fremden gegenüberzustehen meint. R. weiß natürlich, dass er nicht der erste und einzige ist, der diese Erfahrung macht. Bei ihm hat sie jedoch dazu geführt, dass er sich auf die Identitätsproblematik eingelassen hat und am Beispiel seines Selbstanalyse-Versuchs sich mit den Positionen auseinandersetzt, die in der Diskussion über ‚Identität' in den letzten Jahrzehnten bezogen wurden.

# Inhaltsverzeichnis

Zur Identitätsproblematik .................................................. 1

Herkunft ................................................................... 7

Verwandtschaft ............................................................. 13

Identitätsbildung .......................................................... 17

Pläne und Zufälle .......................................................... 25

Krisen und Veränderungen ................................................... 31

Rollen ..................................................................... 41

Wissenschaftsgeschichte .................................................... 57

Was wäre aus ihm geworden, wenn... ......................................... 65

Philologie – Kulturwissenschaft – Wissen(schaft)sforschung ................. 69

Literatur und andere Interessen ............................................ 75

Reisen ..................................................................... 81

Alterserfahrungen .......................................................... 87

Probleme, die ihn immer noch beschäftigen .................................. 93

Schriftenverzeichnis 2012 (Auswahl) ........................................ 117
  I. Bücher und Aufsätze ................................................. 117
  II. Rezensionen ........................................................ 124

# Zur Identitätsproblematik

Hier geht es also um das Selbstverständnis eines Menschen. Darum, wie er die Frage nach der eigenen Identität beantworten sollte. Er spricht von Identität – personaler Identität –, weil er von der Person, die in ihrer Jugend zu einem ersten Selbstverständnis gekommen ist und in späteren Jahren eine bestimmte Richtung eingeschlagen hat, immer noch etwas an sich zu haben meint – ungeachtet der Krisen, die dieses Selbstverständnis erschüttert haben und der Veränderungen, die es dadurch erfahren hat. Weil er meint, dass die erhalten gebliebenen Elemente von Kontinuität und Kohärenz seines Ich nicht nur in seiner Leiblichkeit und seinen Erinnerungen bestehen können. Das Attribut des Personalen ist ihm wichtig, denn anders als in der Individualpsychologie steht der Begriff im Sprachgebrauch der Kulturwissenschaften hauptsächlich für ein Gruppenphänomen – die kollektive Identität als ein auf übereinstimmender ethnischer, religiöser, nationaler oder politischer Grundlage sich entwickelndes zwischenmenschliches Zusammengehörigkeitsgefühl oder Gemeinschaftsbewusstsein. Wobei gleich hier anzumerken ist, dass das Gemeinschaftsbewusstsein nicht nur phylogenetisch als die erste Form menschlichen Selbstverständnisses gilt, sondern auch beim heutigen Menschen der Beginn der individuellen Selbstidentifikation zumeist in die Auseinandersetzung mit der Gruppenidentität verlegt wird, die er im Kindesalter von der familiären und erweiterten sozialen Umwelt übernommen hat.[2] Davon abgesehen bestehen Übergangszonen, in denen die Begriffsfelder sich überlappen. So hat auch das ausgebildete individuelle Selbstverständnis eine soziale Dimension: Das Gefühl der Zugehörigkeit zu einer Gruppe bzw.

---

2 So sieht Jürgen Habermas die „durch Selbstidentifikation erzeugte und durchgehaltene symbolische Einheit der Person [...] ihrerseits auf der Zugehörigkeit zu einer Gruppe [beruhen], auf der Möglichkeit einer Lokalisierung in der Welt dieser Gruppe. Eine die individuellen Lebensgeschichten übergreifende Identität der Gruppe ist deshalb Bedingung für die Identität des einzelnen. [...] Diese konventionelle Identität zerbricht im allgemeinen während der Adoleszenzphase." – Vgl. Jürgen Habermas, *Können komplexe Gesellschaften eine vernünftige Identität ausbilden?*, in: Ders./ Dieter Henrich, *Zwei Reden,* Frankfurt/M. 1974, S. 27-29.

des Ausschlusses, der gesellschaftlichen Isolation, wird zu einem prägenden Bestandteil desselben. Auch können Urteile, die die Umwelt über eine Person trifft, indem diese sie in ihre Selbstwahrnehmung übernimmt, zu Elementen ihrer Identitätsbildung werden. Und für die Entstehung einer kollektiven Identität ist ebenso wichtig wie das Zusammengehörigkeitsgefühl des betreffenden Personenkreises, dass dieser durch die Umwelt als Gruppe wahrgenommen wird.[3]

R. spricht von Identität – im Wissen um die Veränderungen, die im Begriffsverständnis seit Adornos *Negativer Dialektik* eingetreten sind: Dass ‚Identität' unter den Bedingungen der Arbeitsteilung für Adorno nicht das Produkt eines in freier Selbstbestimmung handelnden Subjekts sein konnte, sondern nur die Zwangsjacke, in der das Individuum seine ihm in seiner gesellschaftlichen Stellung zukommenden Rollen spielt.[4] Und dass Theoretiker der Postmoderne ab Anfang der 1980er Jahre Adornos noch vom kulturkritischen Standpunkt dem Individuum gestellter Diagnose die Möglichkeit des Identitätswechsels als normale Gegebenheit entgegensetzten bzw. die Auflösung der Identitäten im Rollenspiel als Akt der Befreiung feierten.[5] Oder dass

---

3 Kollektive Identität nur als „eine Frage der *Identifikation* seitens der beteiligten Individuen" versteht im Anschluss an Jan Assmann (*Das kulturelle Gedächtnis. Schrift, Erinnerung und politische Identität in frühen Hochkulturen*, München 1992, S. 132) Jürgen Straub, *Personale und kollektive Identität. Zur Analyse eines theoretischen Begriffs*, in: Aleida Assmann/Heidrun Friese (Hrsg.), *Identitäten (Erinnerungen, Geschichte, Identität, III)*, Frankfurt a.M. 1998, S. 73-104.
4 Vgl. Theodor W. Adorno, *Negative Dialektik* [1970], Frankfurt/M. 2003, S. 274-275: „Negative Dialektik hält ebensowenig inne vor der Geschlossenheit der Existenz, der festen Selbstheit des Ichs, wie vor ihrer nicht minder verhärteten Antithesis, der Rolle, die von der zeitgenössischen subjektiven Soziologie als universales Heilmittel benützt wird, als letzte Bestimmung der Vergesellschaftung. [...] Der Rollenbegriff sanktioniert die verkehrte schlechte Depersonalisierung heute: Unfreiheit, welche an die Stelle der mühsamen und wie auf Widerruf errungenen Autonomie tritt bloß um der vollkommenen Anpassung willen, ist unter der Freiheit, nicht über ihr. Die Not der Arbeitsteilung wird im Rollenbegriff als Tugend hypostasiert."
5 Vgl. u. a. Dietmar Kamper, *Die Auflösung der Ich-Identität*, in: Friedrich A. Kittler (Hrsg.), *Austreibung des Geistes aus den Geisteswissenschaften*, München 1980, S. 79-86, und Wolfgang Welsch, *Identität im Übergang*, in: Ders., *Ästhetisches Denken*, Stuttgart 1990, S. 168-200. – Von was allem der ‚Zerfall des Subjekts' insbesondere die Deutschen befreien sollte, konnte man 1990 detailliert in einem Artikel der *Frankfurter Allgemeinen Zeitung* lesen, worin es heißt: „Während die Literaturen anderer Länder den allgemeinen Zerfall des Subjekts akzeptieren, ja daraus alle

von einem wissenschaftskritischen Standpunkt, wie ihn die Anhänger des Dekonstruktivismus vertraten, in allen Dingen auf die Herausarbeitung der Differenz gesetzt wurde, die jeglicher Fixierung von Aussagen über Identitätsbildungen den Boden entziehen sollte. Was die letztgenannte Denkrichtung anbetrifft, so wird einer, der im vorgerückten Alter den Drang verspürt, noch einmal der Frage nachzugehen, was für ein Mensch er ist und wie er zu diesem Menschen wurde, sich allerdings mit dem von den Dekonstruktionisten empfohlenen Urteilsaufschub nicht abfinden können. Er versucht diese Frage nichtsdestoweniger als Identitätsfrage anzugehen – in der Überzeugung, dass das auch noch möglich sein sollte, ohne die Illusion „eines sich selbst und seine Welt souverän konstituierenden Subjektes"[6] aufrechterhalten zu wollen. Und er sieht diese Möglichkeit gegeben sowohl in der Normalisierung gespaltener, mobiler bzw. pluraler Identitäten als auch in den die Identitätstheorien ablösenden Rollentheorien, sofern diese keinen vollständigen Identitätswechsel oder Identitätsverlust mehr postulieren. Also nicht ausschließen, dass hinter den Rollen vielleicht noch ein, wenn auch rudimentärer, ‚Persönlichkeitskern' zum Vorschein kommt. Versteht es sich doch von selbst, dass jemand, der die eigene Person zum Gegenstand seiner Reflexion machen will, diese ungern in den Rollen aufgehen lassen wird, die diese Person in ihrem Leben gespielt hat. Selbstverständlich weiß er, dass die Menschen heute nicht mehr damit rechnen können, mit dem, was sie einmal gelernt haben, am selben Ort und im selben Betrieb ihr ganzes Arbeitsleben zu bestreiten. Sie müssen ständig dazulernen, mobil sein, womöglich mehrfach den Beruf wechseln oder verschiedene Tätigkeiten nebeneinander ausüben, und das heißt auch: verschiedene Rollen spielen. Aber, hat er sich gefragt, geben sie damit jedes Mal ihr Selbst auf?[7] Muss das Rollenspiel wirklich dazu führen,

---

Kraft für ein vollkommen neu sich orientierendes Denken gewinnen, das es möglich macht, frei – ohne Geschichte, ohne Geographie, ohne Rasse, ohne Nation, ohne Religion, ohne Familie, ohne Kultur, ohne diese ganze entsetzliche Liste von Stigmata, die Politik und Ideologie einem fortwährend anhängen wollen – in die Welt zu treten, während also die Literaturen anderer Länder auf das Ende von Ich und Subjekt reagieren, hält es die deutsche Nation mit der Restauration, als sei ihr mit dem Verschwinden des Ichs ein Verlust widerfahren, den es auszuwetzen gilt." Vgl. Veit-Ulrich Müller, *Stillhalteliteratur in Ost und West. Über die literarischen Mahner und ihre Widersprüche*, in: *Frankfurter Allgemeine Zeitung*, 2. Oktober 1990.

6   Vgl. Jürgen Straub, *Personale und kollektive Identität* ( s. Anm. 3), S. 80.
7   So sieht es Jacob L. Moreno, *Psychodrama, First volume*, 2$^{nd}$ revised edition, New York 1946: "Role playing is prior to the emergence of the self. Roles do not emerge

dass man nicht mehr weiß, wer man ist?⁸ Oder sind solche Behauptungen nicht doch eher nur eine Schlussfolgerung aus bestimmten Vorannahmen der Theoretiker der Postmoderne? Schließlich ist nicht davon abzusehen, dass die Vorstellung einer personalen Identität an sich schon verschiedene individuelle Identifikationsmöglichkeiten subsumiert, auf den Identifikationen der Person mit unterschiedlichen – kulturellen, nationalen, sozialen – Milieus aufbaut. Dabei können die nationalen und die kulturellen oder sozialen Identifikationen sich überschneiden, nahe beieinander oder auch weit auseinander liegen. Und die Identifikation mit dem einen oder anderen Milieu kann die personale Identität in unterschiedlichem Maße bestimmen.

So geht der Schreiber dieser Zeilen – mag der junge Mann, der hier und da in R.s Erinnerung auftaucht, ihm heute auch noch so fremd erscheinen – davon aus, dass immer noch er es ist, der sich verändert hat⁹, wenn er im Zuge seiner Selbstbefragung zunächst nach den Milieus forscht, mit denen er sich identifiziert. Im Hinblick auf seine wohl kosmopolitisch zu nennende nationale Identifikation lässt er keinen Zweifel daran aufkommen, dass ihn mit den ihm bekannten italienischen, US-amerikanischen oder japanischen Intellektuellen mehr verbindet als mit irgendeinem ungebildeten, uninteres-

---

from the self, but the self may emerge from roles." (S. 157) und: "The identity is the identity of role." (S. 381f) – Erwing Goffman, *The Presentation of Self in Everyday Life,* New York 1959, steht auf dem Standpunkt, dass das Ich auch in der Selbstreflexion verschiedene Rollen annehmen kann und das Selbst einer Person folglich nur das sein kann, als was sie von anderen wahrgenommen wird. (S. 83)

8 "[O]ne is caught up in so many different, sometimes conflicting, roles that one no longer knows who one is." – Vgl. Douglas Kellner, *Popular Culture and the Construction of Postmodern Identities*, in: Scott Lash/Jonathan Friedman (Hrsg.), *Modernity and Identity,* Oxford/Cambridge 1992, S. 142. – Dass Identitätswechsel und Identitätsverlust nicht nur für Kriminalistik und Psychiatrie Realität haben, steht außer Frage. Aber wie soll man sich z. B. einen Spion vorstellen, wenn keine Instanz mehr angenommen werden kann, die hinter den Rollen steht. Er wäre eigentlich nur noch als Doppelagent denkbar. Der ‚einfache' Spion darf nicht aus der Rolle fallen, muss sich aber doch wohl immer wieder darauf besinnen, wer er wirklich ist. Wenn er seine Identität verliert, ist er verloren.

9 Hier hält er es mit Jürgen Straub, *Personale und kollektive Identität* (s. Anm. 3), S. 92: „Dieselbe Person zu bleiben, heißt damit in jedem Fall: die- oder derselbe bleiben, obschon die Umstände und auch die eigenen Orientierungen *gerade nicht* dieselben bleiben." Straub fasst (personale) Identität als „spezifische Subjektivitäts*form".* Diese erwerbe man „in Übergängen und Transformationen, nicht in starren, gleich bleibenden Situationen".

sierten und in seinen Vorurteilen befangenen Landsmann. Und damit wäre auch schon etwas über seine soziale Identifikation gesagt. Seine kulturelle Identität würde er gern als eine europäische bezeichnen, weil damit der Raum benannt wäre, den er als seinen geistigen Lebensraum empfindet und dessen nationalen Binnengrenzen er keine große Bedeutung zumisst. Er muss sich aber eingestehen, dass ihn der Anteil von Deutschen und Juden an der europäischen Kultur stärker affektiv berührt. Und dass er auf die Würdigung der kreativen Energien, die von den deutschen Juden ausgingen, besonderen Wert legt. Er besucht – nebenbei gesagt – alle jüdischen Friedhöfe, weiß natürlich auch, dass dieser Haltung etwas Nostalgisches anhaftet: die Trauer um die verlorene Utopie der deutsch-jüdischen Symbiose. Eine doppelte oder gespaltene nationale Identität also? Jedenfalls nicht die ‚normale' deutsche. Wie kam sie zustande?

# Herkunft

Von seinem Vater, Jahrgang 1902, wusste R., dass der in Wien, wohin seine Großmutter als Dienstmädchen gekommen war, das Licht der Welt erblickt hatte und dass er unehelich geboren war. Nach dem Krieg, 1946 oder 1947, erzählte ihm seine Mutter, dass sein Vater ‚Halbjude' sei. Als er den Vater daraufhin ansprach, geriet der außer sich vor Zorn, dass die Mutter ihm das gesagt hatte. Später erzählte der Vater aber freimütig, dass dieser aus Wieliczka bei Krakau stammende Großvater, den er auch zweimal in Wien besucht hatte, es nicht bei den Alimentenzahlungen, zu denen er verpflichtet war, beließ, sondern ihm darüber hinaus Kleidung und Bücher kaufte und schließlich auch den Besuch der tschechischen Höheren Forstanstalt in Mährisch-Weisskirchen (Hranice) finanzierte. Gleich nach Kriegsende, noch in der Tschechoslowakei, erkundigte sich der Vater beim damaligen Amt des österreichischen Bevollmächtigten in Prag nach dem Verbleib des Großvaters und erhielt den Bescheid, dass „der Oberdirektor i. P. Karl Wilhelm Riesel, zuletzt in Wien VII, Schottenfeldgasse 5 I. Stiege III/11 gemeldet", am 10. 3. 1941 verstorben war. Über die Todesursache wurde nichts mitgeteilt.

Seine erste Anstellung als Forstadjunkt hatte R.s Vater in den Wäldern von Moravec nahe Brünn gefunden. Dort heiratete er die Köchin des Forstmeisters, die ihm zwei Kinder gebar. Ende der zwanziger Jahre verließ er jedoch seine tschechische Familie und kehrte auf Umwegen in die kleine ostböhmische Heimatstadt Braunau[10] zurück, wo er, nun ein subalterner Beamter in der dortigen Bezirkshauptmannschaft, nachdem er sich von seiner ersten Frau hatte scheiden lassen, wieder heiratete – diesmal eine Deutschböhmin, R.s Mutter. Um diese Zeit muss dem Vater auch sein deutsches Nationalbewusstsein aufgegangen sein. Wie die meisten seiner Landsleute wollte nun auch er sich nicht mehr damit abfinden, dass seine Heimat seit

---

10 Braunau in Böhmen (Broumov) ist oft mit dem oberösterreichischen Braunau am Inn, dem Geburtsort Adolf Hitlers, verwechselt worden. Diesem Irrtum war schon der kaiserliche Generalfeldmarschall und spätere Reichspräsident (1925-1934) Hindenburg erlegen, als er von Hitler als dem ‚böhmischen Gefreiten' sprach.

dem Untergang der Habsburgermonarchie zu einem Staat gehörte, in dem die Tschechen das Sagen hatten. Er fand Gefallen an der Idee Adolf Hitlers, die nach 1918 unter 'Fremdherrschaft' geratenen Deutschen ‚heim ins Reich' zu führen. Im Falle der mehrheitlich deutschsprachigen Gebiete der damaligen Tschechoslowakei war diese ‚Heimführung' natürlich als Annexion zu verstehen, wie sie dann, bejubelt von der Masse der Sudetendeutschen, im Herbst 1938 bekanntlich auch stattfand. Auch der Vater hat die einmarschierende deutsche Wehrmacht bejubelt, denn er fühlte sich ja als Deutscher und hielt die nationale Zugehörigkeit wohl überhaupt für eine Sache der Gesinnung und des Bekenntnisses. Dass er, um Reichsbürger zu werden und seinen bescheidenen Posten im nunmehrigen Landratsamt behalten zu können, noch nicht einmal einen jüdischen Urgroßvater, geschweige denn einen jüdischen Vater haben durfte, und dass Gefühle und Überzeugungen dabei überhaupt keine Rolle spielten, wollte ihm bis zuletzt nicht in den Kopf.

Geholfen haben damals die katholische Kirche, deren Gymnasium der Vater besucht hatte, und eine gute Bekannte der Großmutter. Als Geburtsurkunde hatte im alten Österreich noch der Taufschein gedient, auf dem bei den Kindern lediger Mütter der Erzeuger nicht genannt wurde. Die Bekannte, eine geborene Rudolf, deren Sohn in das Braunauer Benediktinerkloster eingetreten war, hatte nun, als es um eine amtliche Beurkundung der Abstammung von R.s Vater ging, die Idee, die Großmutter könnte ihren Anfang des Jahrhunderts in Wien verstorbenen Bruder Josef Rudolf als Kindsvater ausgeben, und das klösterliche Dekanalamt bestätigte diese von ihr bezeugte Version anstandslos. So kam der Vater, obwohl er physiognomisch augenfällig einen ostjüdischen Typus verkörperte, zu einem ‚Ariernachweis'. Erledigt war für ihn die Angelegenheit damit jedoch nur nach außen hin. Da in der Stadt nicht nur diese Frau, sondern eine ganze Reihe von Leuten über seine Herkunft Bescheid wusste, lebte der Vater in ständiger Angst vor der Denunziation. Er bekam Magengeschwüre und bekämpfte, wegen eines angeborenen Herzfehlers vom Kriegsdienst befreit, die Angst und die Schmerzen, indem er sich an der ‚Heimatfront' als eifriger Spendensammler für das sogenannte Winterhilfswerk betätigte und einen Aufnahmeantrag an die Nazi-Partei stellte. Auch nach dem Krieg, als er von dieser Seite nichts mehr zu befürchten hatte und die Familie nun tatsächlich heim ins ‚Reich' getrieben worden war, hielt der Vater zu den Sudetendeutschen und schärfte seinen inzwischen über den unbekannten Großvater informierten Kindern ein, niemandem von seiner jüdischen Abstammung zu erzählen.

R. erinnert sich, dass ihn der Klassenlehrer, nachdem er am Vorabend anlässlich einer Elternversammlung den Vater kennen gelernt hatte, fragte, ob die Familie jüdisch sei. Er verneinte es, und obwohl der Lehrer – „man kann das doch jetzt offen sagen" – nicht locker ließ und R. spürte, wie er dabei errötete, blieb er bei seinem Nein. Er wollte es auch jetzt nicht offen sagen, weil das Wissen, kein vollblütiger Deutscher zu sein, bei ihm einen schweren Minderwertigkeitskomplex erzeugt hatte. Der verflüchtigte sich allerdings noch in der Oberschule, als ihm allmählich bewusst wurde, dass ein großer Teil der Entdeckungen und Erfindungen, die die Deutschen für sich beanspruchten, und der bis vor kurzem verfemten literarischen und künstlerischen Leistungen, die in der übrigen Welt als repräsentativ für die deutsche Kultur galten, von deutschen Juden erbracht worden war. Weshalb er dann auch keine Hemmungen mehr verspürte, über seinen Großvater zu sprechen, ja zeitweise sogar Wert darauf zu legen schien, dass man von ihm erfuhr. Was blieb, war das Gefühl, nicht ganz dazu zu gehören, ein wenig anders oder noch etwas anderes zu sein als die anderen Deutschen. Es blieb eine gewisse Distanz. Sie verdankte er letzten Endes natürlich dem Geschichtsverlauf. Denn was hätte es ohne die Nationalsozialisten an der Macht schon bedeutet, einen jüdischen Großvater zu haben! Wenn R. selbst in einer katholischen deutschböhmischen Familie aufgewachsen war, in die schon der Vater nichts mehr von jüdischer Tradition eingebracht hatte. Aber die nationalsozialistischen Ausschlussgesetze, unter die nicht nur der Vater, sondern auch er noch gefallen wäre ohne den erschwindelten väterlichen Ahnenpass, hatten dieses Gefühl aufkommen lassen, das – wie er immer noch glaubt – entscheidend für seine Identitätsbildung werden sollte.

R.s späteres Verhältnis zum Vater lässt sich nur als ein tiefes Zerwürfnis beschreiben. Wenn er daran denkt, dass er einmal sein ganzer Stolz gewesen ist, der Vater, wie es so oft geschieht, in den Sohn alle Hoffnungen projiziert hat, deren Erfüllung ihm selbst nicht vergönnt gewesen war, und Verwandte und Bekannte ständig darüber auf dem Laufenden hielt, was R. schon alles wusste und konnte, bereut er es manchmal, dem Vater jeden Respekt versagt zu haben. Es erbost ihn aber noch heute, dass der immer nur das Unrecht sah, das den Sudetendeutschen geschehen war, und nichts wissen wollte von den Verbrechen, die Deutsche unter Hitler in der Tschechoslowakei und all den anderen Ländern Europas verübt hatten, die von deutschen Truppen besetzt waren. Er ließ sich nicht ausreden, dass es den Tschechen doch gut gegangen sei unter der deutschen Besatzung, sie hätten ja nicht einmal Kriegsdienst leisten müssen. R. hat aber auch nicht vergessen, wie er dem Vater vorhielt, dass Hitler zwar das Sudetenland haben wollte, aber ohne Menschen wie ihn, für die im Großdeutschen Reich eigentlich gar kein Platz war. Und wie der Vater daraufhin zu weinen anfing und ihm entgegnete: „Es ging doch nicht nur um mich. Das mit dem Ahnenpass hammer doch auch wegen dir und deinen Geschwistern gemacht."

R.s Verhältnis zu seiner Mutter war ebenfalls nicht ungestört. Schuld daran war die schon erwähnte Großmutter, die, kaum dass die Eltern kurz nach seiner Geburt eine eigene kleine Mietwohnung bezogen hatten, die Regie in dem Haushalt übernahm und auch das Sagen haben wollte, wie der Junge zu behandeln war. Sie kam jeden Morgen, nahm ihn der Mutter gewissermaßen weg und fuhr ihn im Kinderwagen auf Feldwegen in die umliegenden Dörfer, wo sie Butter und Milch direkt vom Bauer holte. Durch sie lernte R. die Natur kennen. Und in der Art, wie ihr primitives Weltbild es ihr ermöglichte, erklärte sie ihm seine Umwelt. So ergab es sich, dass R. in den ersten Kinderjahren zu ihr eine engere Beziehung hatte als zu seiner Mutter, diese ihn der Großmutter dann auch quasi überließ und ihre Zuwendung den beiden Töchtern schenkte, die nach ihm kamen. R. kann sich nicht erinnern, dass die Mutter ihn jemals in die Arme genommen hätte. Dabei war sie an und für sich eine freundliche und friedfertige Frau. R. kann sich auch nicht erinnern, dass sie gegenüber seinem Vater, dessen Naturell man als ebenso aufbrausend wie wehleidig beschreiben könnte, jemals laut geworden wäre. Sie war intelligent, schrieb trotz ihrer mangelhaften Schulbildung, wie R. den Briefen, die er von ihr aufgehoben hat, entnehmen kann, ein orthographisch fast fehlerfreies Deutsch. Und sie hat, obwohl das nicht in ihrer Natur lag, mit der Zeit auch wohl gelernt, wenn der Vater ratlos jammernd in seinem Sessel saß, die Initiative zu ergreifen und für ihn zu handeln. Auch der Gedanke, dass man jemanden zu finden versuchen müsste, der eine ‚arische' Abstammung von R.s Vater zu bezeugen bereit wäre, kam ursprünglich von ihr.

Die Mutter stammte aus einem kleinen Dorf im böhmischen Adlergebirge, aus einer Familie mit zehn Kindern, von denen allerdings nur sechs das Erwachsenenalter erreichten. Die anderen starben bald nach der Geburt oder später an der ‚Schwindsucht', wie die Lungentuberkulose damals dort hieß.

Der Vater war Schneider, arbeitete, mit seinen beiden Gehilfen den ganzen Tag auf dem großen Schneidertisch sitzend, in dem Raum neben der Küche. Für zwei Kinder gab es dort ein Bett, die anderen schliefen auf der ‚Bühne' – so nannten sie das kleine Zimmer auf dem Dachboden, wo auch noch zwei oder drei Betten aufgestellt waren. Das Wasser schöpfte man aus einem steinernen Trog im Haus, der von einem verschließbaren Abzweig des Gebirgsbachs gespeist wurde, der am Haus vorbei floss. Die Kinder gingen nur bis zur Vollendung des vierzehnten Lebensjahres in die Schule, im Winter blieben sie, erzählte R.s Mutter, oft im Schnee stecken. Wenn sie nicht heimkamen, ging ihnen der Großvater mit dem Spaten entgegen und grub sie aus. Zum nächsten Arzt musste man fünfzehn Kilometer nach Dobruška fahren oder noch weiter nach Neustadt an der Mettau (Nové Město nad Metují). R. war als Kind jeden Sommer bei den Großeltern gewesen. Er hatte das alte Haus noch gut in Erinnerung, als er es in den 1990er Jahren wiedersah. Äußerlich hatte es sich kaum verändert, nur die vier alten Linden, von denen es umstanden war, gab es nicht mehr. Es gehörte jetzt einem Prager Arzt, der dort angeblich seine Sommerferien verbrachte.

# Verwandtschaft

Eine Rolle bei R.s Identitätsbildung, zunächst ebenfalls nicht im Sinne der Identifikation, sondern der Abstoßung, spielte sicher auch sein Verhältnis zu der übrigen Verwandtschaft. Da war die besagte Großmutter väterlicherseits: Die Frau hatte, aus Wien nach Braunau zurückgekehrt, dreißig Jahre als Weberin in der Schroll-Fabrik gearbeitet, dem größten Arbeitgeber am Ort, wo schon ihr Vater als Webmeister beschäftigt gewesen war. Sie lebte in einer Einzimmerwohnung in einem Miethaus am Stadtrand, Wasserleitung und Abtritt auf halber Treppe, und war nicht gut angesehen mit dem unehelichen Kind – R.s Vater – und einem stadtbekannten Verhältnis mit dem verheirateten Mann, einem in Braunau ansässigen Italiener, der die Vormundschaft für das Kind übernommen hatte. Sie hatte drei Schwestern und einen Bruder, der von ihrer Mutter auch schon in die Ehe mitgebracht worden war, in jungen Jahren nach Wien ging und dort für eine zahlreiche Nachkommenschaft sorgte. Die Schwestern waren alle ehrbare Frauen geworden, kleinbürgerlich gut verheiratet mit Männern, die für die Familie ein Haus bauen konnten. Die meisten ihrer Kinder, der Cousins und Cousinen von seinem Vater, hatte R. selbst noch kennengelernt. Es dauerte nicht lange, bis für ihn feststand, dass sie, mit einer Ausnahme, alle ungebildet und dumm waren. Vor allem schämte er sich, dass sie nur den heimischen Dialekt sprachen. Hatte er doch in den letzten Kriegsjahren noch mit den etwa gleichaltrigen Kindern einer von Vaters Cousinen Bekanntschaft gemacht, die in Leipzig zuhause waren. Vor den Bombenangriffen hatte die Cousine sie zu den Verwandten nach Braunau geschickt. Nicht das Hochdeutsch des Klassenlehrers Bartmann, das breiteste Sächsisch dieser Kinder hielt er von da an für die vornehmste deutsche Aussprache.

Die Verwandtschaft der Mutter kam bei ihm nicht besser weg. Von ihren beiden Brüdern war der eine bei seinem Vater in die Lehre gegangen, und der behielt ihn auch als Gehilfen, bis er bei Kriegsanfang zur deutschen Wehrmacht eingezogen wurde. Der andere hatte eine Schlosserlehre absolviert und chauffierte, bis er ebenfalls zu den Soldaten kam, den Linienautobus, der auf der Landstraße zum nächsten Ort mit Eisenbahnanschluss verkehrte. Die Schwestern hatten alle geheiratet, die älteste sogar einen Dorfschullehrer, einen aus der Bukowina stammenden Emil Pawlowski. Der wurde R.s Taufpate, und von ihm erhielt er, wie damals üblich, seinen zweiten Vornamen. In seiner Erinnerung erscheint er, wie die meisten anderen auch, als ein dummer Mensch mit schlechten Manieren. Als R. dann in Thüringen auf die Oberschule ging und – 1949 war das auch in der DDR noch so – mit den Söhnen und Töchtern von evangelischen Pfarrern, Ärzten und anderen Abkömmlingen des deutschen Bildungsbürgertums die Bank drückte, kam zu den Fakten, die seinen Minderwertigkeitskomplex nährten und gleichzeitig dessen Überkompensation anstachelten, neben dem verschwiegenen jüdischen Einschlag und dem Vertriebenenstatus der Mittellosigkeit nun noch der Anhang dieser bildungsfernen kleinbürgerlichen Verwandtschaft, für die er sich schämte.

Die Ausnahme war sein Onkel Peppi, der Sohn einer der Schwestern seiner Großmutter. Er war der Einzige, der nach der Vertreibung der Deutschen aus der Tschechoslowakei und ihrer Zerstreuung über alle vier von den Siegermächten in Deutschland eingerichteten Besatzungszonen von sich aus den Kontakt zu R. wieder aufnahm. Und auch der Einzige, an dem R. selbst Interesse hatte, weil er einen ganz anderen Weg eingeschlagen hatte als die Masse der Sudetendeutschen. Dieser Josef Knauer, der seinen Ingenieursposten in einer Textilfabrik im nordböhmischen Reichenberg (Liberec) in der Weltwirtschaftskrise verloren hatte, war nämlich Ende der 1920er Jahre in die Sowjetunion ausgewandert. Im damaligen Leningrad war er am Aufbau bzw. der Modernisierung der dortigen Textilindustrie beteiligt gewesen. (Er soll in einem Kollektiv gearbeitet haben, das von dem späteren sowjetischen Ministerpräsidenten Kossygin geleitet wurde.) Im Jahr 1938, nach der Eingliederung des Sudetenlandes in das nationalsozialistische Deutschland, kehrte er mit einer Russin, die er in Leningrad geheiratet hatte, nach Reichenberg zurück und arbeitete wieder in demselben Werk, in dem er vor seiner Emigration angefangen hatte. 1945, als andere Deutsche, darunter auch seine Schwester mit ihren Kindern, zu Fuß über die nahe ehemalige tschechisch-deutsche Grenze nach Schlesien gejagt wurden, von wo sie die Polen wieder zurücktrieben, wurde er, vermutlich auf Drängen der Russen, stellvertretender Direktor dieses Werks und behielt die Position, unterbrochen nur durch einen mehrjährigen Auslandseinsatz für die vom tschechoslowakischen Staat geförderte Errichtung einer Textilfabrik im Iran, bis zur Rente. Das war dann auch der Zeitpunkt, zu dem er die Verbindung mit R. aufnahm und von dem an es wechselseitige Besuche der beiden Ehepaare in Berlin und in Reichenberg gab. Einmal hat R. mit seiner Frau nach Peppis Tod auch noch seine Witwe besucht. Später hat sie angeblich die Urne mit seiner Asche vom Friedhof wieder weggenommen und auf ihren Schlafzimmerschrank gestellt. Einiges spricht dafür, dass die beiden 1938 von den Russen nach Reichenberg geschickt wurden, weil sie für den sowjetischen Geheimdienst NKWD arbeiten sollten. Dieses Thema war jedoch tabu. Gesprochen wurde über ihre Zeit in Leningrad, über die Zustände in den Sudetengebieten nach 1945 – dass der Mann auf die ‚wilden' Vertreibungen der ersten Wochen nach dem ‚Umsturz', von denen auch seine Schwester betroffen war, keinen Einfluss hatte, war leicht einzusehen. Immerhin hatte er erreicht, dass seine Eltern – der Vater ein alter Sozialdemokrat – davon befreit wurden, die den Sudetendeutschen vorgeschriebene weiße Armbinde zu tragen, mit der sie sich auf der Straße den Beschimpfungen und Bedrohungen durch die Tschechen aussetzten. Natürlich redete man auch über die aktuelle politische Lage nach der Niederschlagung der tschechoslowakischen Reformbewegung, des sogenannten Prager Frühlings 1968, und über die prekäre Situation, in die die Russin Tatjana dadurch gekommen war. Und anfangs wurde auch Schach gespielt. Das hörte aber bald auf, weil R. fast jede Partie verlor und der Onkel dann keine Lust mehr hatte, mit ihm zu spielen. Nicht dass R. mit Peppis Ansichten immer einverstanden gewesen wäre. Aber ungeachtet aller Meinungsverschiedenheiten in der Beurteilung der jüngsten Ereignisse imponierte ihm doch der geistige Horizont, das intellektuelle Niveau dieses Mannes, der auch nur eine Fachschulausbildung hatte, aber halt in der Welt weiter herumgekommen war als der Rest der Verwandtschaft.

# Identitätsbildung

Erik H. Erikson, dessen Arbeiten zur Identitätsproblematik in den 1950er und 60er Jahren den Ton angaben, war der Meinung, dass ein kohärentes und konsistentes Selbstverständnis sich erst mit Abschluss der Adoleszenz ausbilde. Und zwar im Verlauf eines Sozialisationsprozesses, in dem der junge Mensch in eine „Gruppenidentität" hineinwächst und sich mit dem „Lebensplan" der Gesellschaft identifiziert, in der er seine soziale(n) Rolle(n) findet und die Anerkennung seiner Integration erfährt.[11] Allgemeine Zustimmung bis heute findet Eriksons Auffassung, dass der Identitätsbildungsprozess damit aber nicht abgeschlossen sei, der Mensch vielmehr sein Selbstverständnis immer wieder mit seiner Umwelt abzustimmen habe. Damit, dass er die Identitätsbildung im Großen und Ganzen als einen Anpassungsprozess beschreibt, die Erlangung einer stabilen Ich-Identität ihm nur über die Teilhabe an einer Gruppenidentität als möglich erscheint, hat Erikson jedoch die Kritiker auf den Plan gerufen. So bemerkt z.b. Lothar Krappmann, dass Erikson diese Ich-Identität zwar auch periodisch auftretende Krisen durchlaufen lässt, deren Überwindung, die Abwehr einer Zersplitterung des Selbstbildes, in der Sprache der Psychoanalyse: einer Identitätsdiffusion, jedoch von der bisher erlangten Festigkeit des Selbstbildes abhängig macht. Bei ihm sichere „das Individuum seine Identität, indem es eine möglichst klare Vorstellung von sich selbst zu besitzen trachtet, noch bevor es sich in Interaktionsprozesse verwickelt."[12] Demzufolge müsse Erikson „sich auf die Hoffnung beschränken, daß Indi-

---

11 Vgl. Erik H.(omburger) Erikson, *Childhood and Society* (1950), deutsch: *Kindheit und Gesellschaft*, Stuttgart, 2. Aufl. 1965: „Das heranwachsende Kind muß bei jedem Schritt ein belebendes Wirklichkeitsgefühl aus dem Bewußtsein ziehen, daß seine individuelle Art der Lebensmeisterung (seine Ichsynthese) eine erfolgreiche Variante einer Gruppenidentität ist und in Übereinstimmung mit der Raum-Zeit und dem Lebensplan seiner Gesellschaft steht." (S. 230) Und S. 256: „Das Gefühl der Ich-Identität ist also die angesammelte Zuversicht des Individuums, daß der inneren Gleichheit und Kontinuität auch die Gleichheit und Kontinuität seines Wesens in den Augen anderer entspricht, wie es sich nun in der greifbaren Aussicht auf eine Laufbahn bezeugt."

12 Vgl. Lothar Krappmann, *Soziologische Dimensionen der Identität*, Stuttgart 2005, S. 93.

viduen vor allzu divergierenden Anforderungen möglichst bewahrt werden, gesellschaftliche Veränderungen sich nicht zu schnell vollziehen und eingenommene soziale Rollen nicht durch äußere Umstände ein gar zu abruptes Ende finden, damit die Identitätsstruktur des Individuums nicht überfordert wird."[13] Erikson biete nichts an, „was den Individuen helfen könnte, in einer sich ständig wandelnden Welt mit stets divergierenden Normen Identität zu wahren, weil er nicht die Notwendigkeit sieht, Identität neu zu entwerfen."[14] Hingegen ist aus Krappmanns Perspektive „das Individuum als belastbarer anzusehen, wenn seine Identifikationen weniger fest sind, so daß ihm Spielraum und Distanz bleibt und damit ein Potential verfügbar wird, Konflikte aufzuarbeiten oder sich mit ihnen zu arrangieren."[15] Krappmann entwirft hier aus mehr sozialpsychologischer als psychoanalytischer Sicht ein von dem Eriksonschen abweichendes Muster von ‚geglückter' Identitätsbildung. Peter Wagner, ein anderer Soziologe, stellt diese Auseinandersetzung mit Erikson in den größeren Zusammenhang der immer noch strittigen Frage, inwieweit Identitätsbildung umweltdeterminiert ist bzw. wieviel Autonomie gegenüber der Umwelt sie benötigt – kürzer gefasst: in den Zusammenhang der Frage, ob personale Identität als Wahl oder als Schicksal aufzufassen sei.[16]

---

13  Ebd., S. 91.
14  Ebd., S. 94.
15  Ebd., S. 92. – Was Krappmann als Manko an Eriksons Identitätsauffassung anführt, geht bei dem auf Erikson aufbauenden Hilarion G. Petzold bereits in die Definition des Identitätsbegriffs ein: „Petzold hat Identität – wie insgesamt seine Persönlichkeitstheorie – *prozessual* formuliert. Persönlichkeit/Identität, wie sie nach ‚außen' und nach ‚innen' erkennbar werden, sind immer ‚als Prozeß' *und* ‚als Momentaufnahmen' aus diesem Prozeß zu sehen , also nie als ein abgeschlossenes bzw. abschließbares Ergebnis. Sie sind von *‚hinlänglicher Stabilität'* und zugleich *‚hinlänglicher Flexibilität'* bestimmt, und nur das gewährleistet eine *‚elastische Identität'*, die weder zu *starr* ist und damit den vielfältigen Anforderungen nicht gerecht werden kann, noch zu *labil* und diffus und damit die erforderliche Sicherheit und überdauernde Qualität nicht gewährleisten kann, die *Identität* für das Subjekt wie für die Mitsubjekte in sozialen Prozessen, in die das Subjekt und die Mitsubjekte involviert sind, bereitstellen muß." (H. G. Petzold, *Die integrative Identitätstheorie als Grundlage für eine entwicklungspsychologisch und sozialisationstheoretisch orientierte Psychotherapie*, in: *http://www.donau_uni.ac.at/imperia/md/content/studium/umwelt_medizin/psymed/artikel/identitaetsth.pdf*, 2003f, S. 17.)
16  Peter Wagner, *Fest-Stellungen. Beobachtungen zur sozialwissenschaftlichen Diskussion über Identität*, in: Aleida Assmann/Heidrun Friese (Hrsg.), *Identitäten (Erinnerung, Geschichte, Identität, III)*, Frankfurt/M. 1998, S. 44-72.

Wer dem Zustandekommen seines eigenen Selbstbildes nachgehen will, hat sich mit den kontroversen Auffassungen zum Identitätsproblem auseinanderzusetzen. R. kann dann beispielsweise Krappmanns These vom Vorzug des Distanzhaltens, des Offenhaltens von Spielräumen auf seinen Werdegang beziehen, was ihn allerdings auch zu akzeptieren veranlasst, dass die Distanzierung nicht seine Wahl war, der Sachverhalt, auf den er sie ursprünglich zurückführt, ihm vielmehr schicksalhaft zugefallen ist. Postmoderne Kritiker der Identitätstheorien haben R. demgegenüber zu der Erkenntnis verholfen, dass es sich bei dem, was sich ihm die längste Zeit als naturwüchsiges Resultat seiner Persönlichkeitsentwicklung dargestellt hat, nichtsdestoweniger um eine Konstruktion handelt. Der Konstruktcharakter seines Selbstbilds ist ihm nur verborgen geblieben, weil es sich (was schon Erikson wusste) über weite Strecken unbewusst im Kopf des Menschen zusammensetzt. Sagen wir so: Der Identifikationsprozess, in dem er sich sein Leben lang befindet, ist nicht abschließbar, sondern ein andauernder Prozess der Akkumulation der Lebenserfahrungen. Bestimmte Ereignisse aus seiner Kindheit und Jugendzeit sind für ihn aber zu Schlüsselerlebnissen geworden, die eine Grundstruktur für dieses Konstrukt geschaffen haben. Spätere Erfahrungen wurden eingeordnet, haben durch ihr Gewicht das Konstrukt auch massiv verändert, ohne seiner Einschätzung nach jedoch – was auch möglich gewesen wäre – dessen Grundstruktur zu sprengen.

Zu diesen Schlüsselerlebnissen gehörte in R.s Fall neben der Entdeckung seiner Herkunft zweifellos das Vertriebenen-Schicksal, das die Familie mit anderen Sudetendeutschen teilte, und natürlich die pubertäre Begegnung mit dem anderen Geschlecht. Der damals noch gläubige katholische Schüler, Geburtsjahr 1936, sah sich in eine ländliche Umgebung versetzt, in der unter der eingeborenen protestantischen Bevölkerung viele den Neuankömmlingen gegenüber sich ablehnend verhielten. Man hielt sie eigentlich für Tschechen oder Polen und wunderte sich, dass sie auch untereinander Deutsch sprachen. Andererseits war da der evangelische Pastor, in dessen Familie R. jede Woche einmal zum Mittagessen eingeladen wurde, nachdem dessen Sohn, R.s Klassenkamerad, von ihm erzählt hatte. In diesen Jungen hatte sich R. verliebt. Hingegen wollte er von einem Bauernmädchen in der Grundschulklasse – Anita Knüpfer, den Namen weiß er noch –, die ihm näher zu kommen versuchte, indem sie ihm immer wieder ihr wurstbelegtes Pausenbrot zusteckte, nichts wissen. Später, als er dann auf der Oberschule anfing, selbst nach den

Mädchen zu schauen, musste er feststellen, dass alle, die ihm gefielen, ihm die kalte Schulter zeigten. Klein, schmal und blässlich, wie er sich im Spiegel sah, fand er das mit der Zeit auch ganz normal und traute sich, als noch die Akne dazu kam, schon kaum noch, einem Mädchen ins Gesicht zu sehen. So hatte er die ersten sexuellen Kontakte erst in Jena als Student, zunächst jedoch auch hier nicht mit einer der Kommilitoninnen, für die er sich interessierte, sondern mit dem unscheinbaren Dienstmädchen seiner Zimmerwirtin.

An die Jenaer Universität war er 1953, also siebzehnjährig, gekommen, weil er in der Oberschule ein Jahr übersprungen hatte. Er hatte sich für das Germanistik-Studium immatrikuliert, besuchte aber auch Vorlesungen und Seminare in Geschichte, Kunstgeschichte und Slawistik.[17] Schon im ersten Studienjahr schloss er sich einer Gruppe von Kommilitonen höherer Semester an, deren Hauptinteresse wie das seinige auf die in der DDR damals sogenannte spätbürgerliche Literatur gerichtet war, und die, wie er, sich über die Primitivität der Darbietung der Materie in den obligaten Marxismus-Leninismus-Kursen mokierten.[18] Von außen wurden diese Studenten, ihn einbegriffen, offensichtlich als eine Gruppe wahrgenommen, die sich in ihrer Überheblichkeit vom sozialistischen Studentenkollektiv weit entfernt hatte und, wie er fast vier Jahrzehnte später aus seiner Stasi-Akte erfuhr, von den SED-Genossen im germanistischen Institut genau beobachtet wurde. Davon wusste R. damals freilich noch nichts.[19] Prekär wurde seine Situation auch erst dadurch, dass seine Eltern, als er im vierten Semester war, mit den jüngeren Geschwistern zu Verwandten nach Westdeutschland übersiedelt waren, also ‚Republikflucht', eine strafbare Handlung, begangen hatten, was die Universitätsbehörde veranlasste, ihm das Stipendium zu streichen. Von einem Tag auf den anderen völlig mittellos, wandte er sich an seinen Lehrer Joachim Müller. Der lieh ihm, bis er es nach einigen Wochen erreicht hatte, dass seinem Schüler wieder ein Stipendium bewilligt wurde, das für den Lebens-

---

17  In der DDR wurde man, das Lehrerstudium ausgenommen, nur für ein Fach immatrikuliert, doch bestand in den 1950er Jahren noch die relative Freizügigkeit, Lehrveranstaltungen in anderen Fachrichtungen zu besuchen.
18  Diese Kurse, die mit einer Prüfung abschlossen, firmierten als ‚Grundstudium', auf dem das jeweilige Fachstudium aufbauen sollte.
19  Von den vier oder fünf Kommilitonen, die zu dieser Gruppe gezählt worden sein mögen, haben alle in Jena ihr Studium abschließen können, und von drei von ihnen weiß er auch, dass sie, wie er, in der DDR geblieben sind und sich irgendwie mit dem Regime arrangiert haben.

unterhalt nötige Geld. Müller war es auch, der 1957 R.s Examensarbeit über Gerhart Hauptmanns *Atriden-Tetralogie* gut genug fand, um sie, an einigen Stellen präzisiert bzw. erweitert, als Dissertation anzunehmen. R. erfüllte das mit unbändigem Stolz. Erst später kam ihm der Gedanke, zu diesem Angebot seines Lehrers könnte beigetragen haben, dass er sich nicht wie dessen Assistenten auf Marx, Engels oder Lenin, sondern nur auf Oskar Walzel, Ulrich von Wilamowitz-Moellendorff und die drei oder vier Westdeutschen berief, die in der Bundesrepublik bereits mit Arbeiten über die *Atriden-Tetralogie* promoviert worden waren. Zu der Dissertation selbst kann R. nur sagen, dass sie den damaligen Forschungsstand zum Thema widerspiegelt, indem der Autor, die eigenen Erkenntnisse eingerechnet, die Feststellungen seiner westdeutschen Vorgänger zusammenführt. Das allerdings mit eigenen Worten und dem Hinweis auf seine Quellen.

Wegen seiner Nähe zu Müller wie auch wegen seines, wie es hieß, individualistischen Verhaltens und seiner Vorliebe für die spätbürgerliche ‚Dekadenzliteratur' stieß R. bei Müllers Assistenten, sämtlich SED-Mitglieder, ebenso bei den Kommilitonen, die schon zu dieser Partei gefunden hatten, auf Ablehnung. Auch nahm man seine Mitgliedschaft in einer der sogenannten Blockparteien für eine Entscheidung gegen die ‚Partei der Arbeiterklasse'. Als es auf das Examen zuging, ließ man ihn wissen, dass seine dem Wunsch, an der Universität zu bleiben, entsprechende Bewerbung um eine Assistentenstelle abgelehnt werden würde. In Wirklichkeit war es so gewesen, dass eine der Blockparteien damals unter den Abiturienten, die keine ‚Arbeiter- und-Bauern-Kinder' waren, mit dem Versprechen um Mitglieder geworben hatte, sich für ihre Zulassung zum Studium einzusetzen. So war er zur NDPD gekommen und wurde sich erst später bewusst, dass diese Partei im Auftrag der SED-Führung 1948 zu dem Zweck gegründet worden war, einen eigenen Sammelplatz für die der Umerziehung bedürftigen Nationalsozialisten zu schaffen. Deren Zustrom zu den bürgerlichen Traditionsparteien CDU und LDP, die die SED damals noch nicht ganz unter ihrer Kontrolle hatte, sollte auf diese Partei umgeleitet werden. So blieb ihm nach dem Examen nichts anderes übrig, als dem NDPD-Angebot folgend eine Stelle als Redaktionsassistent bei der parteieigenen *National-Zeitung* in Berlin anzunehmen.

Die zwei Jahre, die R. dort zubrachte, hat er später immer als seine Militärzeit bezeichnet. Tatsächlich herrschte in der Redaktion dieser Zeitung ein Umgangston wie beim Militär. Es begann schon damit, dass er nicht, wie versprochen, in die Kulturredaktion kam, sondern in das Ressort Politik abkommandiert wurde. Dort bestand seine Haupttätigkeit darin, die von der DDR-Nachrichtenagentur ADN verbreiteten Texte so zu bearbeiten, dass, ohne die gültigen Sprachregelungen zu verletzen, möglichst viel von ihnen, auf seinen Nachrichtenwert verdichtet, in das Blatt eingehen konnte – und außerdem noch Platz war für knallige Überschriften. Besonders die Überschriften machten ihm zu schaffen und brachten den Ressortleiter in Rage. Aber obwohl R. zugeben muss, dass seine Erfindungsgabe auf diesem Gebiet sehr bescheiden war, ist er doch heute noch der Meinung, in der von ihm vorgeschlagenen Überschrift *Der Lebensstandard in der DDR steigt weiter* sei jedenfalls die Substanz des entsprechenden von der Nachrichtenagentur übernommenen Textes voll enthalten gewesen. Der Ressortleiter Politik, ein ehemaliger HJ-Führer, war, als er R., statt mit der Bearbeitung der ADN-Meldungen beschäftigt, in einem Rilke-Band lesen sah, allerdings zu dem Schluss gekommen, dass aus ihm nie ein richtiger Journalist werden würde. Und diesem Urteil schlossen sich offenbar die anderen Mitglieder des Redaktionskollegiums, ausnahmslos ehemalige Wehrmachtsoffiziere oder NSDAP-Funktionäre, an. Man hielt es für angebracht, R. zur praktischen Parteiarbeit an die ‚Basis' zu delegieren, und muss wohl in diesem Sinne bei der für die NDPD-Betriebe – neben der Zeitung und einer Druckerei auch ein Buchverlag – zuständigen Personalabteilung (‚Kaderleitung') vorstellig geworden sein. Die Kaderleiterin, eine Altkommunistin und Jüdin, die, wie man heute weiß, nach ihrer Rückkehr aus dem sowjetischen Exil den Parteiauftrag erhalten hatte, ihre KPD-Mitgliedschaft ruhen zu lassen, um sich bei der Gründung der NDPD zu engagieren und dann deren Personalpolitik zu steuern, – diese ‚Parteifreundin' Löhr wusste für R. jedoch etwas Besseres: Sie bestellte ihn in ihr Büro und bot ihm eine Lektorenstelle in der belletristischen Abteilung des Buchverlags an, die er natürlich sofort annahm.

R.s Interesse hatte sich bereits in der Schulzeit einseitig auf Geschichte, Sprachen und Literatur konzentriert. Er hatte Caesars *De bello gallico* schon gelesen, als die Klasse noch mit der Einübung der Grundregeln der lateinischen Grammatik beschäftigt war. Englisch lernten alle gern, während aber die meisten Schüler den Russisch-Unterricht durch geistige Abwesenheit boykottierten, las er Tolstois *Anna Karenina* in der Originalsprache. Französische Texte zu lesen brachte er sich, ebenfalls noch in der Oberschule, autodidaktisch bei anhand einer älteren Ausgabe von Toussaint-Langenscheidts Lehrbriefen. Da er seine Sprachkenntnisse während der Studentenzeit noch durch ausgiebige Tolstoi-, Dostojewski-, Stendhal- und Proust-Lektüren erweitert hatte, fiel es ihm nicht schwer, sich im Verlag zu einer Art Fremdsprachenlektor zu qualifizieren, der Bücher sowjetischer, französischer oder englischsprachiger Autoren, die dem Verlag zur Übersetzung angeboten wurden, begutachtete. Dennoch merkte er bald, dass er auch hier nicht beliebt war.

Die Ablehnung, auf die R. bei seiner ersten beruflichen Anstellung gestoßen war, rührte wohl vor allem daher, dass er zum Journalismus absolut kein Talent hatte und es auch an Engagement fehlen ließ. Dass er im Verlag gleichfalls nicht gut ankam, sieht er heute zu einem guten Teil seinem offenbar als arrogant empfundenen Verhalten geschuldet. Einem Ablehnung provozierenden Verhalten, das er auf einen Mix aus Selbstüberschätzung und Unsicherheit zurückführt. Diese Ablehnung bewirkte aber, dass er selbst noch weiter auf Distanz ging. Dabei konnte er sich nach außen hin durchaus aufgeschlossen, interessiert und Anteil nehmend zeigen, und die Menschen interessierten ihn ja auch. Mit dem Abstandhalten, dem Nicht-an-sich-Herankommenlassen, von dem nur seine engsten Verwandten ausgenommen waren, korrespondierte eine zunehmende *reservatio mentalis* in Bezug auf die ideologischen Vorgaben des Staates, in dem er lebte. Das hinderte ihn in den 1960er Jahren, als er an das damalige Akademie-Institut für Deutsche Sprache und Literatur kam, nicht daran, seine Arbeiten zur deutschen Literaturgeschichte auf das Paradigma des historischen Materialismus und der Marx'schen Ideologiekritik auszurichten. Und aus der Blockpartei wieder auszutreten.

Im Licht der postmodernen Kritik an den älteren Identitätstheorien wäre aber auch eine Selbstreflexion der personalen Identität, wie sie hier versucht wird, auf ihre Voraussetzungen hin zu prüfen. Man kann, wie schon gesagt, davon ausgehen, dass Menschen zu einer Art von Selbstverständnis gelangen, ohne ständig darüber nachzudenken, wie und wodurch sie zu dem geworden sind, was sie zu sein glauben. Doch selbst einer wie R., für den tägliche Selbstbeobachtung und Selbstkontrolle von Berufs wegen angesagt waren und der jetzt in das Alter gekommen ist, in dem man seine Lebensleistung zu bilanzieren anfängt, muss sich bei dem ersten Versuch, ein reflektiertes Selbstbild zu beschreiben, fragen, wie es zustande kommt. Die Antwort kann nur lauten: ‚Ich versuche anhand des Erinnerungsvorrats, der schon im Schrumpfen begriffen ist, die Erlebnisse und Erfahrungen zusammenzubringen, von denen ich meine, dass sie die Entwicklung meines Selbstverständnisses bestimmt haben.' Dabei ist er sich darüber im Klaren, dass das Ergebnis nur eine Interpretation dieser Entwicklung sein kann. *Seine* Interpretation seines Selbst. Denn wie will er beispielsweise den von ihm hergestellten Kausalnexus zwischen den geschilderten Begebenheiten und seinem späteren Sozialverhalten beweisen? Es kann so gewesen sein oder auch anders. Vielleicht haben andere Erlebnisse, die er längst vergessen hat, eine größere Rolle gespielt? Welche realen Faktoren seiner Identitätsbildung hat er womöglich verdrängt? Inwieweit ist seine Erinnerung schon Ergebnis einer solchen Verdrängungsleistung? Er kann zur Beglaubigung der Resultate seiner Selbstanalyse nur das unbestreitbare Faktum anführen, dass er trotz allem, was er tatsächlich vergessen und was er möglicherweise verdrängt hat, immer noch mehr über sich weiß als andere wissen können. Dass alles, was er über sich schreibt, gleichwohl unter den Rechtfertigungsverdacht gestellt wird, unter dem alle autobiographischen Narrative stehen, muss er hinnehmen. Die Autobiographie als das verlogenste literarische Genre – wer war das doch gleich, der die Sache auf diese griffige Formel bringt? Ein Autor, der bekennt, dass ihn jeder Anlauf, ein erinnertes Erlebnis aufzuschreiben, zu einem anderen Ergebnis geführt hat.[20]

---

20 Peter Schneider, *Die Erfindung der Erinnerung.* Gespräch mit Christiane Peitz, in: *Der Tagesspiegel* Nr. 20 593 (20. April 2010), S. 23.

# Pläne und Zufälle

Er hat von der Fremdheit gesprochen, mit der er seinem früheren Selbst in der Erinnerung begegnet. Wenn er etwa an das Selbstbewusstsein denkt, mit dem er angetreten ist, an so viel Vertrauen in die eigenen Fähigkeiten, dass es danach nur weniger werden konnte. Wenn er seine frühen Texte hervorkramt: diese Selbstsicherheit, dieses Schreiben im vollen Besitz der Wahrheit! Manchmal denkt er doch: Das muss ein anderer gewesen sein. Andererseits erinnert er sich im Nachdenken über seine augenblickliche Gemütslage oder die Reaktion auf bestimmte Ereignisse auch, in dieser Stimmung schon früher gewesen zu sein und auf die Ereignisse in der gleichen Weise reagiert zu haben. Zu nennen wäre hier – und wie kann das mit der besagten Selbstsicherheit zusammen gehen? – vor allem eine unbestimmte Angst, die ihn immer mit dem Schlimmsten rechnen lässt: mit dem Dachziegel, der ihm auf den Kopf fällt, oder dem Irren, der ihn verfolgt, wenn er auf die Straße geht. Die ständige Fluchtbereitschaft also und die Furcht, dass die multiple Sklerose, an der seine Mutter und zwei ihrer Geschwister gestorben sind, oder die Demenz, an der sein Vater schon mit Anfang sechzig erkrankte, auch ihn befällt, und die Überzeugung, dass sowieso alles schief geht. Kurz: die Lebensangst und der Pessimismus, die ihm von seinem früheren Selbst geblieben sind. Die er aber nach außen hin offensichtlich gut verbergen konnte, wunderten sich doch seine Mitarbeiter und Kollegen oft über seine vermeintliche Ruhe und Gelassenheit. So wie er sich hier beschreibt, kennt ihn wahrscheinlich nur seine Frau.

Die Frage, wie viel von diesen Charakterzügen anlagebedingt und wie viel seinen Erlebnissen und Erfahrungen geschuldet ist, hat sich R. oft gestellt. Heute weiß er, dass die Frage falsch gestellt war und er sich hätte fragen müssen, inwieweit die Verarbeitung seiner Erlebnisse und Erfahrungen von seinem Genom bestimmt wurde. Eine generelle Antwort hat ihm allerdings auch die veränderte Fragestellung nicht erbracht. Er kann nur sagen, welche der genannten psychischen Dispositionen unzweifelhaft auf seine Gene zurückgehen, weil er sie bei seinen Geschwistern wiedergefunden hat. Besonders aufschlussreich in diesem Zusammenhang war für R. der Vergleich mit seinem Bruder, der – siebzehn Jahre jünger – nach dem Krieg geboren und in der Bonner Republik, also einer ganz anderen Umwelt, aufgewachsen ist und zudem eine ganz andere Laufbahn (er ist Arzt geworden) eingeschlagen hat.

Es ergäbe ein zu düsteres Bild, wenn R. nicht zugeben wollte, dass ihn in der Erinnerung an die alten Zeiten neben der Beklommenheit und dem peinlichen Gefühl, dass ihn in mancher für ihn unvorteilhaften Situation beschlichen hat, auch die Freude über das eine oder andere geglückte Vorhaben, den einen oder anderen Erfolg wieder überkommt. Dass Bruchstücke solcher Erinnerungen, mit Freudegefühlen wie mit Ängsten verbundene, auch eine Identitätsdiffusion bzw. einen Identitätsverlust überdauern können, wird man den Psychiatern und Psychoanalytikern wohl glauben können. (Zu einem vollständigen Identitätswechsel gehört wahrscheinlich die totale Abspaltung der früheren Existenz und eine komplette neue Biographie einschließlich des Namenswechsels, wie wir sie z. B. bei dem Germanisten Hans Werner Schwerte erlebt haben.[21]) Bei R. sind es aber eben nicht nur Erinnerungsbruchstücke, die ihn mit den weiter zurückliegenden Lebensabschnitten verbinden. Er muss sich, wenn er alle die in diesem Text abzuhandelnden Krisen und Wandlungen zwar nicht auf eine Kontinuitätslinie bringt, jedoch eher als Übergänge denn als Brüche schildert, vielmehr fragen, ob das daran liegt, dass er sie nicht als Brüche erlebt hat, oder ob es der glättenden Wirkung einer Rückbesinnung zu verdanken ist, die auf der Feststellung basiert, dass man am Ende doch ganz gut an allen Klippen vorbeigekommen ist. Hat er auf diese Frage auch noch keine schlüssige Antwort gefunden, so geht er nichtsdestoweniger davon aus, dass es ihm in seinem jetzigen Alter möglich sein müsste, seinen Lebensweg im Ganzen zu überdenken. Mit was für Plänen ist er angetreten? Was wollte er aus seinem Leben machen? Und was hat ihm der Zufall beschert?

Natürlich wollte er ursprünglich Schriftsteller werden, wie seinerzeit viele angehende Germanisten – vielleicht sogar die meisten, die eigentlich hätten

---

21  Schwerte, 1965-1978 ordentlicher Professor für Neuere deutsche Literaturgeschichte an der Rheinisch-Westfälischen Technischen Hochschule Aachen und 1970-1973 deren Rektor, wurde 1995 als der ehemalige SS-Hauptsturmführer Hans Ernst Schneider enttarnt. Dieser gehörte der Stabsabteilung der Waffen-SS beim persönlichen Stab des Reichsführers SS Heinrich Himmler an und war 1940-1942 Leiter des „Germanischen Wissenschaftseinsatzes" in den Haag, wo er ab 1941 auch „Neuordnungs- und Überwachungsarbeit" bei der „Germanischen Freiwilligen Leitstelle" leistete.

nur Literaturwissenschaft oder, besser noch, Weltliteratur studieren wollen, wenn das schon überall möglich gewesen wäre. Abiturienten, die diesen Plan hatten, wählten das Fach, weil sie wohl meinten, dass man durch die obligatorische Beschäftigung mit Literatur auch am besten lernen würde, selber Literatur zu machen. Zu einem Versuch in dieser Richtung kam er zwar während seines ganzen Germanistik-Studiums nicht, dennoch wäre er gern an der Universität geblieben, weil er glaubte, dass es dort noch am ehesten möglich sei, nebenbei damit anzufangen. Als ihm klar wurde, dass er nicht bleiben konnte, wollte er auf jeden Fall nach Berlin. Er war mit einer Kommilitonin, die er später geheiratet hat, und einigen anderen aus seinem Studienjahr schon einige Male in Berlin gewesen – da war Brechts Berliner Ensemble, waren Wolfgang Langhoffs Deutsches Theater, die Staatsoper und die Komische Oper unter Walter Felsenstein, und da war, mit der U-Bahn oder der S-Bahn eine Station weitergefahren – die Mauer stand ja noch nicht –, der Westen mit seinen Buchhandlungen und Bibliotheken, die alles an moderner Literatur präsent hielten, was es in der DDR nicht gab, mit dem Schiller- und dem Schlossparktheater, die Beckett und Jonesco und die modernen Amerikaner spielten, mit der Maison de France und der Filmbühne am Steinplatz, wo man alle die Filme sehen konnte, die in der DDR nicht gezeigt wurden. Als er dann im Sommer 1957, gleich nach dem Examen, seine Stelle bei der *National-Zeitung* in Berlin angetreten hatte, nutzte er seine Freizeit zunächst, um von den Literatur-, Theater- und Filmangeboten beider Stadthälften so viel wie möglich mitzubekommen. Sein schriftstellerisches Talent zu erkunden gelang ihm erst, nachdem er der Zeitungsredaktion entronnen war, beim *Verlag der Nation,* wo er unter dem Manuskript, das er begutachten oder, wenn es angenommen war, redigieren sollte, stets die Mappe liegen hatte, in die er einen anderen Text schrieb. Es sollte ein Roman werden, ein Roman über einen kleinen Beamten in einer böhmischen Provinzstadt, der als national gesinnter Deutscher ... – nun ja, ein Roman über seinen Vater. Da er, um sich zu seinem mageren Lektorengehalt etwas dazuzuverdienen, aber gleichzeitig Übersetzungsaufträge annahm[22] und Vor- bzw. Nachworte zu anderen Publikationen dieses Verlags verfasste, kam er damit auch hier nicht

---

22  Er hat hauptsächlich aus dem Russischen übersetzt, u. a. Olga Forschs Roman über den Dekabristen-Aufstand *Perwenzy swobody* (deutsch: *1825. Roman einer Verschwörung,* Berlin 1966) und Viktor Nekrassows *Slučai na mamajewom kurgane* (deutsch: *Vorfall auf dem Mamai-Hügel und andere Erzählungen,* Berlin 1967).

sehr weit – bei Seite 131 bricht der Text ab. Denn da hatte er die Stelle an der Akademie der Wissenschaften bekommen, und das war Zufall. Die Kommilitonin aus Jena, mit der er inzwischen verheiratet war und in Berlin zusammenlebte, hatte hier eines Tages eine andere Germanistin getroffen, die ihr Studium auch in Jena begonnen hatte, dann aber nach Halle übergewechselt war und jetzt an der Wissenschaftsakademie an einer Herwegh-Ausgabe arbeitete. Sie empfahl dem Leiter der Arbeitsgruppe, der noch Mitarbeiter für diese Edition suchte, R.s Frau.[23] Als diese dann einige Jahre später erfuhr, dass noch jemand für die Forschung zur Literatur des deutschen Vormärz gesucht wurde, brachte sie R. dazu, sich auf die Stelle zu bewerben. An der Akademie angekommen, begriff er sehr bald, dass er hier einiges nachzuholen hatte. Sein wissenschaftlicher Ehrgeiz war geweckt. Was aber sicher nicht der einzige Grund dafür gewesen ist, dass er das Roman-Manuskript in die unterste Schublade gesteckt und nie wieder angerührt hat. Hinzugekommen sein muss die mit seiner Proust-, Musil-, Kafka-, Joyce- und Döblin-Lektüre gereifte Einsicht, dass er so, wie sein Text abgefasst war, nicht mehr schreiben durfte, sondern überhaupt aufhören musste, einen Roman schreiben zu wollen, wenn er den Ansprüchen nicht gerecht werden konnte, die er an sich stellte.

Nachdem R. sich in die besagte Literaturperiode eingearbeitet hatte, dauerte es nicht lange, bis man ihn auch zur Mitarbeit an dem DDR-Großforschungsprojekt der zehnbändigen *Geschichte der deutschen Literatur* heranzog. Dass die erste aus seiner Akademie-Tätigkeit hervorgegangene Buchpublikation eine Arbeit über die ‚Literaturverhältnisse' im deutschen Vormärz war, wird nun niemanden verwundern. Diese Arbeit wäre jedoch damals noch nicht erschienen, wenn das Manuskript nicht – und das war sicher wieder Zufall – einer Lektorin des Akademie-Verlags auf den Schreibtisch gekommen wäre, die trotz zweier negativer Außengutachten und noch anderweitiger Einsprü-

---

23   Dr. Johanna Rosenberg, geb. Heim, mit der er auch heute noch verheiratet ist, war von 1962 bis 1991 an der Akademie der Wissenschaften und von 1992 bis Ende 1996 am Germanistischen Institut der Humboldt-Universität als wissenschaftliche Mitarbeiterin tätig. Sie hat nach dem Abbruch der Herwegh-Ausgabe u. a. über Georg Lukács, Siegfried Kracauer und Lu Märten gearbeitet, gehörte zu den Autoren des Bandes 9 der in der DDR erschienenen elfbändigen *Geschichte der Deutschen Literatur (Vom Ausgang des 19. Jahrhunderts bis 1917)* und war an der von Suhrkamp und dem Aufbau-Verlag gemeinsam betreuten großen Brecht-Ausgabe beteiligt.

che fest entschlossen war, es durchzubringen.[24] Die Zeit für die Veröffentlichung war günstig: Die ‚Achtundsechziger' hatten an den germanistischen Instituten der Universitäten in West-Berlin, Frankfurt am Main und etlichen anderen westdeutschen Städten die alten Professoren bereits in die Defensive gedrängt. Sie konnten seinen Band gut gebrauchen, der die auf die März-Revolution von 1848 zulaufenden geistigen Strömungen in den Mittelpunkt der Literaturgeschichte rückte und, indem er die deutsche Literatur dieser Zeit unter den Begriff des ‚Vormärz' stellte, eine Gegenposition zu der ‚Biedermeierzeit'-Konzeption des Münchner Ordinarius Friedrich Sengle entwarf.[25]

Durch die Arbeit an der Literaturgeschichte mit der Problematik dieses Genres konfrontiert, fasste R. den Entschluss, sich der Geschichte der deutschen Literaturwissenschaft zuzuwenden. Zufall war es, dass er das erste Resultat seiner Arbeit zu diesem Gegenstand, seine *Zehn Kapitel zur Geschichte der Germanistik*[26], just zu dem Zeitpunkt vorlegen konnte, als die Konjunktur der Wissenschaftsgeschichte auf die Geisteswissenschaften übergriff, was der Aufnahmebereitschaft für das Buch natürlich entgegenkam. (Die Rede ist hier hauptsächlich von der Bundesrepublik, weil die international aktuellen Forschungstrends in der DDR meist mit Verspätung ankamen, und so auch R.s Arbeiten dort erst größere Beachtung fanden, wenn man sich im Westen auf sie bezog.) Immerhin, nimmt man seine danach veröffentlichten Aufsätze

---

24 Vgl. Rainer Rosenberg, *Literaturverhältnisse im deutschen Vormärz*, Berlin und München 1975, 2. Aufl. Berlin 1976. – Der Autor wurde mit dieser Arbeit 1974 zum Dr. sc. (‚Doktor der Wissenschaften') promoviert. Dieser nach sowjetischem Vorbild gewählte Titel entsprach dem Dr. habil., der bis in die 1960er Jahre auch in der DDR noch verliehen wurde. Die Einwände gegen die Veröffentlichung der Arbeit kamen einerseits von Kollegen, die ihm den Erfolg nicht gönnten, andererseits von dem Verlag, der die Literaturgeschichte herausbrachte und verständlicherweise dagegen war, dass R.s Text vom Akademie-Verlag publiziert wurde, bevor der entsprechende Band der Literaturgeschichte mit einer vom selben Autor gelieferten Kurzfassung auf dem Markt war.

25 R. hatte seine Position bereits in zwei – im Grundton durchaus polemisch gehaltenen – Rezensionen zu den ersten beiden Bänden von Sengles Monumentalwerk *Biedermeierzeit*, 3 Bde., 1971-1980, skizziert. Ihn hat beeindruckt, wie Sengle ihm daraufhin in einem sieben Seiten langen handgeschriebenen Brief seine Konzeption ganz unpolemisch, sachlich erläutert und seinen Standpunkt verteidigt hat.

26 Vgl. Rainer Rosenberg, *Zehn Kapitel zur Geschichte der Germanistik. Literaturwissenschaft*, Berlin 1981.

zu Theorie und Methoden der Literaturwissenschaft[27] hinzu, wird man eine gewisse Folgerichtigkeit in der Wahl seiner Forschungsgegenstände erkennen können.

---

27 Vgl. u. a. *Paradigma und Diskurs*, in: *Weimarer Beiträge*, 52. Jg. (2006), H. 4, S. 602-622, und *Literaturwissenschaft als Kulturwissenschaft*, in: *Weimarer Beiträge*, 53. Jg. (2007), H. 2, S. 165-187.

# Krisen und Veränderungen

Auch ein Intellektueller, in dessen Selbstverständnis das Abstandhalten eine zentrale Rolle spielt, muss sich natürlich fragen, welchen Anteil er *realiter* an welchen kollektiven Identitäten gehabt hat. Nun lassen sich, wie schon gesagt, kollektive Identitäten unter den verschiedensten Gesichtspunkten konstruieren. In Anbetracht der Tatsache, dass ein Individuum in der Regel sich zu einer Ethnie und/oder Nation bekennt, ein Standes- bzw. Klassenbewusstsein hat, möglicherweise einer Religionsgemeinschaft, einer Berufsgenossenschaft oder einer politischen Partei angehört und als Akademiker sich einer wissenschaftlichen Schule zurechnet, kann mit der Beschreibung einer kollektiven Identität immer nur eine Seite einer Persönlichkeit erfasst werden, hat in dieser Modellierung des Begriffs jeder Mensch Anteil an mehreren kollektiven Identitäten.[28] Für einen Wissenschaftler dürfte allerdings die Identifikation mit der Gruppe derer, die demselben Forschungsparadigma folgen, denselben epistemologischen Standpunkt einnehmen oder anders ausgedrückt: im selben Diskurs stehen, von besonderer Bedeutung sein. Man wird dann immer noch feststellen können, dass die Wirkungskraft selbst dieser Gruppenzugehörigkeit auf die Ausbildung der personalen Identität bei den einzelnen Individuen als sehr unterschiedlich anzunehmen ist.

Was den Menschen anbetrifft, von dem hier die Rede ist, wollte er diese Wirkungskraft jedoch nicht unterschätzen. R. war, als sich ihm nach mehreren Jahren als Lektor im *Verlag der Nation* die Chance eröffnete, wenn schon nicht an der Universität, so doch an einer akademischen Forschungseinrichtung angestellt zu werden, neunundzwanzig Jahre alt und also ein typischer

---

28 So auch Jürgen Straub, *Personale und kollektive Identität* (s. Anm. 3): „Individuen können ‚Konstituenten' verschiedener Kollektive sein, solange sie sich eben mit bestimmten Erfahrungen, Erwartungen, Werten, Regeln und Orientierungen identifizieren. Sie können solche ‚Mitgliedschaften' im Prinzip zu jeder Zeit eingehen, aufkündigen, wechseln. […] Der Ausdruck der kollektiven Identität stellt eine Chiffre für dasjenige dar, was bestimmte Personen in der einen oder anderen Weise *miteinander verbindet,* diese also erst zu einem Kollektiv *macht,* dessen Angehörige zumindest streckenweise einheitlich charakterisiert werden können, […]." (S. 102)

Seiteneinsteiger. Seinem akademischen Lehrer Joachim Müller hatte er immer zugute gehalten, dass er es als Interpret wie kein anderer verstand, seinen Schülern die Meisterwerke der deutschen Literatur vom Barockzeitalter bis zu Thomas Mann und Hermann Hesse nahezubringen. Nun, an dem Akademie-Institut angekommen, musste er aber feststellen, dass er von Müller keine Theorie mit auf den Weg bekommen hatte. In der DDR gab es zu der Zeit allerdings überhaupt nur zwei bis drei Literaturwissenschaftler, die eine Theorie hatten und deswegen auch einen größeren festen Kreis von Schülern um sich versammelten. In Berlin waren das zum Zeitpunkt seines Einstiegs in die Wissenschaft der Romanist Werner Krauss und der Germanist Gerhard Scholz. Die Krauss-Schüler waren mehrheitlich Romanisten, die Scholz-Schüler alle Germanisten. Beide Schulen waren an dem Institut zahlreich vertreten und konkurrierten hier, wie sie wohl meinten, um die Durchsetzung des jeweils von ihrem Lehrer vorgestellten Modells von marxistischer Literaturwissenschaft. R. gehörte nun keiner der beiden Schulen an, war ein Außenseiter, dem die konzeptuellen Unterschiede zwischen ihnen als zu vernachlässigende Größen erschienen, und der daher den Eindruck gewann, es ginge gar nicht so sehr um die Wissenschaftsauffassung als vielmehr darum, welche Personengruppe an dem Institut das Sagen haben sollte.

Hatte er also auch keinen Anteil an der kollektiven Identität einer dieser beiden Schulen, so brachte ihn die schon erwähnte Hinwendung zum Marxismus doch in ihre Nähe. Sie erfolgte bei ihm wie bei vielen anderen Literaturwissenschaftlern seiner Generation in Ostdeutschland unter dem Eindruck der Schriften von Marxisten wie Georg Lukács, Hans Mayer oder des oben genannten Werner Krauss, hinter deren philosophischem Reflexionsniveau und Weite des wissenschaftlichen Horizonts die Emil Staiger, Wolfgang Kayser oder Benno von Wiese – um nur die zeitgleich in der DDR bekanntesten westlichen Literaturwissenschaftler zu nennen – weit zurückblieben. Für ihn war die vom Marxismus eröffnete kommunistische Menschheitsperspektive zwar immer zweifelhaft geblieben. Seine skeptische Grundhaltung hatte ihm den Glauben an sie ebenso wie die Annahme irgendeiner anderen positiven Weltanschauung verwehrt. Aber an der Brauchbarkeit des historischen Materialismus als Schlüssel zur Geschichtserkenntnis und an der Notwendigkeit einer Umwälzung der Besitzverhältnisse auf dem Weg zu einer die produktiven Fähigkeiten aller Menschen freisetzenden, gerechteren Gesellschaftsordnung zweifelte er nicht. Die kollektive Identität manifestierte sich allerdings auch in der Einstellung zu dem ostdeutschen Staat. Den hatte er wie viele andere seiner Generation als antifaschistische Alternative zu der westdeutschen Bundesrepublik, in der ehemalige Führungskräfte des Hitler-Regimes bald wieder in Amt und Würden gekommen waren, akzeptiert. Die Einschränkungen nicht nur im Politischen, sondern auch im geistig-kulturellen Bereich hatte er zunächst sogar hingenommen als unvermeidbare Folge der Konfrontation der beiden politisch-ökonomischen Weltsysteme im ‚Kalten Krieg'. Das Verhältnis zu dem SED-Regime wurde für ihn wie für viele andere jedoch umso problematischer, je mehr sich die Repression nach innen, und das hieß auch: gegen diejenigen ihrer Lehrer richtete, die sie für das marxistische Paradigma gewonnen hatten. Von einer kollektiven Identität der Marxisten konnte daher schon bald nicht mehr die Rede sein. Da waren die, die der Verunsicherung, in die Ereignisse wie das offizielle Eingeständnis der Stalinschen Verbrechen auf dem XX. Parteitag der KPdSU oder der Ungarnaufstand von 1956 sie gestürzt hatten, durch die Beschwörung ihres Glaubens an die Weisheit der eigenen Parteiführung zu entkommen versuchten. Da waren diejenigen, die, nachdem sie aus den Ereignissen schon damals die Schlussfolgerung gezogen hatten, dass das sozialistische Experiment zum Scheitern verurteilt sei, die DDR verließen. Und da waren schließlich die, die wie R. Gründe hatten, dazubleiben – und das konnten ganz private Gründe sein: familiäre Bindungen, etwa die Bindung an eine Frau, die dableiben wollte. Dass er sich für das Dableiben entschied, hatte sicher aber auch damit zu tun, dass er die Möglichkeit, die politischen Verhältnisse könnten sich ändern, noch nicht völlig ausschloss. Und damit, dass er seine Entscheidung angesichts der offenen Grenze ja auch noch in dem Glauben traf, sie im Ernstfall revidieren zu können. Der Ernstfall, der daraus eine Entscheidung fürs Leben werden ließ, kam in Gestalt der Berliner Mauer dann allerdings auch für ihn überraschend. Eine Änderung der Verhältnisse schien mit dem Mauerbau in weite Ferne gerückt – man hatte sich auf Dauer im realen DDR-Sozialismus einzurichten. Da er sich ja als Marxist verstand und sich nicht in einem prinzipiellen Widerspruch zu der offiziellen Staatsdoktrin sah, hielt er das auch für möglich. Er wurde eines besseren belehrt. Schon die Veröffentlichung seiner ersten eigenen Buchmanuskripte – der *Literaturverhältnisse im deutschen Vormärz* von 1974 und der *Zehn Kapitel zur Geschichte der Germanistik* von 1981 – kam nur unter großen Schwierigkeiten und nach langer Verzögerung zustande. Er machte dabei die Erfahrung, dass man sich gar nicht gegen das System zu stellen brauchte, um an ihm zu scheitern. In einer pluralistischen Gesellschaft besteht, auch wenn einem ein Weg abgeschnitten wird, grundsätzlich die Möglichkeit, sein Ziel auf einem anderen Weg zu erreichen. Im realsozialistischen System, in dem es nur den einen Weg über die Kontrollinstanzen des Staates und der herrschenden Partei gab, konnten von privaten Interessen oder persönlichen Ressentiments geleitete Interventionen von Kollegen oder Vorgesetzten bei diesen Instanzen, politisch-ideologisch verbrämt, Projekte verhindern und Existenzen vernichten. Dass die Zensurbehörde für eine von ihm vorbereitete Neuausgabe von Wilhelm Diltheys Essay-Sammlung *Das Erlebnis und die Dichtung* noch 1987 die Druckgenehmigung verweigerte, nahm er dann nur mehr als Bestätigung für den Starrsinn einer Nomenklatura, die bis zuletzt nicht begreifen wollte, dass ihre Zeit abgelaufen war.

R. hatte bereits 1979 in den *Weimarer Beiträgen* einen längeren Aufsatz über Diltheys Verstehenslehre veröffentlicht.[29] Seine 1981 erschienenen *Zehn Kapitel zur Geschichte der Germanistik*, in denen er Dilthey wiederum breiten Raum gibt, erhielten in einer Rezension Jürgen Kuczynskis, des Doyens der marxistischen Wirtschaftswissenschaft und Wirtschaftsgeschichte in der DDR, dessen Stellungnahmen auch zu philosophischen Fragen hier allgemein Beachtung fanden, große Zustimmung. Indirekt enthielt Kuczynskis Rezension zugleich die Frage an die marxistischen Philosophieprofessoren, warum von ihrer Seite bislang keine differenzierte Auseinandersetzung mit Dilthey gekommen war.[30] Als es 1987 um die Druckgenehmigung für die DDR-Ausgabe von *Das Erlebnis und die Dichtung* ging, war aus dem Philosophie-Institut der Wissenschaftsakademie, bei der die Zensurbehörde ein Gutachten bestellt hatte, trotzig zu vernehmen: Wann Dilthey in der DDR erscheint, entscheiden wir und nicht irgendein Literaturwissenschaftler. Der Leipziger Reclam-Verlag brachte den Dilthey-Band dann 1991 heraus, als R.s damit verbundenes Anliegen längst gegenstandslos geworden war.

In eine Krise seines Selbstverständnisses haben die Schwierigkeiten, seine Sachen zu publizieren, so sehr sie ihn auch belasteten und seine Produkti-

---

29 Vgl. Rainer Rosenberg, *Literaturgeschichte und Werkinterpretation. Wilhelm Diltheys Verstehenslehre und das Problem einer wissenschaftlichen Hermeneutik*, in: *Weimarer Beiträge*, 1979, 12, S.113-142.
30 Vgl. Jürgen Kuczynski, *Auch nur ein Löffel Honig ist etwas wert. Rainer Rosenberg: „Zehn Kapitel zur Geschichte der Germanistik. Literaturgeschichtsschreibung"*, in: *Sinn und Form*, 35. Jg., 1983, 1, S. 238-245.

vität hemmten, R. nicht gestürzt. Zumal er durch das Echo, das sein *Vormärz*-Buch, als es dann doch erschienen war, bei den Linken unter den westdeutschen Literaturwissenschaftlern und Germanistik-Studenten fand, sich in seinen damaligen Ansichten bestätigt fühlen konnte. Die Krise kam, als ihm deutlicher bewusst wurde, wie wenig er mit seinem sozialgeschichtlichen und ideologiekritischen Zugriff auf die Texte von dem zu vermitteln vermochte, was ihm an den Texten gefiel, ihn womöglich an sie fesselte, was ihren ästhetischen Reiz ausmachte und damit wenn schon nicht der Hauptgrund, so doch einer der Gründe dafür war, dass die Literaturwissenschaft diese Texte immer noch aus der Fülle der Überlieferung hervorhob, sich mit ihnen beschäftigte. In die Krise brachte ihn dieses Bewusstsein, weil er aber doch immer gespürt hatte, dass das Interpretieren literarischer Texte nicht seine Sache war, dass er sich mehr als Historiker sah und sich nicht vorstellen konnte, auf dem Podium zu stehen und ein sprachliches Kunstwerk auseinander zu nehmen, um es paraphrasiert wieder zusammenzusetzen. Obwohl er den Wert erhellender Kommentare nicht gering schätzte, vermied er es so weit wie möglich, seinen Hörern oder Lesern eigene Interpretationen der behandelten Texte anzubieten. Offenbar fürchtete er, damit irgendwie zu viel von sich, seiner Emotionalität oder psychischen Konstitution überhaupt, preiszugeben. Seine Lektüren betrachtete er gewissermaßen als Privatsache, während er sich in der wissenschaftlichen Arbeit auf das beschränken wollte, was leichter objektivierbar war. Deshalb warb er auch für das strukturalistische Paradigma der Textanalyse als einer Form der Versachlichung, sprich: Verwissenschaftlichung des Umgangs mit Literatur, arbeitete selbst jedoch kaum damit, weil ihm – in der Form wie er es damals kennen lernte – die geschichtliche Dimension fehlte. Als Ausweg aus diesem Dilemma bot sich R. der gänzliche Verzicht auf die Arbeit in dem philologischen Tätigkeitsbereich an, durch die viele aus der Generation seiner Lehrer und auch noch einige aus seiner Generation ihr wissenschaftliches Renommee gewonnen hatten. Das Gewahrwerden eines anderen Widerspruchs hingegen gab den Anstoß zu einer weitgehenden Veränderung seiner gesamten Denkhaltung.

Ein Paradox von R.s bisheriger Arbeit war gewesen, dass das Paradigma, unter dem er die Ideologiekritik betrieben hatte, auf epistemologischen Voraussetzungen basierte, durch die es sich selbst der Ideologiekritik aussetzte. Wie andere weltanschaulich fundierte Wissenschaftsparadigmen ging es von einem Standpunkt im Besitze der einen unwiderlegbaren Wahrheit aus. Die

Überzeugung, mit diesem Paradigma jegliches ‚falsche' Bewusstsein entlarven zu können, ging ihm verloren, als er begann, die axiomatischen Prämissen dieses Paradigmas in Frage zu stellen. Dabei kam er zu dem Ergebnis, dass die verschiedenen Denkansätze, die es damals in seinem Fach wie in den Geisteswissenschaften überhaupt gab, indem sie – entsprechend den jeweiligen Erkenntnisinteressen – unterschiedliche Aspekte des Forschungsgegenstandes zur Anschauung bringen, ihr je eigenes Recht haben. Dass sie in paradigmatischer Ausformung als prinzipiell gleichrangig anzuerkennen sind, die Wissenschaft die Inkompatibilität bestimmter Paradigmen auszuhalten hat, und diese lediglich im Hinblick auf die Reichweite der von ihnen erbrachten Resultate aneinander gemessen werden können. Diese durch den Übergang auf einen anderen epistemologischen Standpunkt veränderte Denkhaltung schlug sich auch in seinem Schreibstil nieder. Dessen Duktus verlor seine apodiktische Bestimmtheit, seinen dozierenden Charakter, wurde kommunikativer, den Leser zur Diskussion der vom Autor getroffenen Einschätzungen auffordernd.

Nun war er keineswegs der einzige, in dessen Kopf sich der geschilderte Prozess abspielte. Vielmehr kamen solche Auffassungen ab den 1980er Jahren in den geisteswissenschaftlichen Disziplinen der Bundesrepublik allmählich zum Tragen. Sie bildeten sich in vielen Köpfen in der Reflexion auf die wissenschaftshistorischen und wissenschaftstheoretischen Abhandlungen eines Thomas Samuel Kuhn, Gaston Bachelard oder Georges Canguilhem[31], die in der Bundesrepublik seit den siebziger Jahren präsent waren, sowie in der Rezeption der nach einem Hinweis Kuhns hier wieder aufgelegten einschlägigen Arbeiten des polnischen Arztes und Mikrobiologen Ludwik Fleck.[32] Als

---

31 Vgl. Thomas S. Kuhn, *The Structure of Scientific Revolutions*, Chicago 1962, deutsch: Frankfurt/M. 1973, und: Ders., *Die Entstehung des Neuen. Studien zur Struktur der Wissenschaftsgeschichte*, hrsg. von Lorenz Krüger, Frankfurt/M. 1978; Gaston Bachelard, *La formation de l'esprit scientifique. Contribution à une psychoanalyse de la connaissance objective*, Paris 1938, deutsch: *Die Bildung des wissenschaftlichen Geistes. Beitrag zu einer Psychoanalyse der objektiven Erkenntnis*, Frankfurt/M. 1978; Georges Canguilhem, *Études d'histoire et de philosophie de sciences*, Paris 1968, und: Ders., *Le rôle de l'épistémologie dans l'historiographie scientifique contemporaine* (1976) und andere Aufsätze deutsch in: G. Canguilhem, *Wissenschaftsgeschichte und Epistemologie. Gesammelte Aufsätze*, hrsg. von Wolf Lepenies, Frankfurt/M. 1979.
32 Vgl. Ludwik Fleck, *Entstehung und Entwicklung einer wissenschaftlichen Tatsache*, Basel 1935, 2. Aufl. Frankfurt/M. 1980, und: Ders., *Erfahrung und Tatsache*.

Suhrkamp-Taschenbücher hatten diese ihren Weg auch in die DDR gefunden. Ihr Einfluss auf sein Denken, meint R., müsse in seinen eigenen Arbeiten seit den neunziger Jahren deutlich zu spüren sein. Und seit dem Übergang auf diesen anderen epistemologischen Standpunkt könnte auch von seiner Teilhabe an einer anderen kollektiven Identität gesprochen werden. Anders verhielt es sich mit den politischen Optionen. Im Unterschied zu manchem seiner Kollegen, die einen ähnlichen Prozess durchlaufen hatten, hatte er die deutsche Teilung immer als etwas Unnatürliches empfunden, begrüßte er die Wiedervereinigung. Den Zusammenbruch des gesamten pseudosozialistischen Weltsystems, in den er als DDR-Bürger hineingerissen wurde, erlebte er in dem erhebenden Gefühl, Zeuge epochaler geschichtlicher Ereignisse zu sein, und dieses Gefühl überwog die aufkommende Unsicherheit, wie die persönlichen Verhältnisse sich in naher Zukunft gestalten würden. Eine ‚Identitätsdiffusion' hatten diese Ereignisse bei ihm nicht zur Folge.

Indem R. diese Feststellung trifft, kommt ihm jedoch sogleich auch der Gedanke, er könne die Problematisierung, die der Identitätsbegriff in den Debatten der 1980er und 90er Jahre erfahren hat, wieder aus den Augen verlieren. Und damit auf eine Auffassung von Identitätsbildung zurückgehen, die Peter Wagner als „Bestimmung dauerhaft bedeutsamer Orientierungen des eigenen Lebens" charakterisiert. Auf eine Vorstellung von personaler Identität, die, „nachdem sie einmal erfolgreich herausgebildet wurde, als grundlegend stabil" gilt, daher „essentiell mit Vorstellungen von Kontinuität und Kohärenz verbunden" bleibt.[33] Wohingegen Wagner auf das in der – damals – neuesten Diskussion behauptete Aufkommen von Identitätsformen verweist, in denen „(n)icht Kontinuität und Kohärenz, sondern Flüchtigkeit, Wandlungsfähigkeit, Instabilität [...] nunmehr Kennzeichen der Lebensorientierungen von Menschen [sind], die dennoch oft mit dem Begriff Identität, gelegentlich mit dem Adjektiv ‚postmodern' verknüpft, bezeichnet werden".[34] Und er zitiert Kellner, für den Identität heute zu „einem frei gewählten Spiel, einer theatralischen Darstellung des Selbst" geworden ist, „in der man sich relativ

---

*Gesammelte Aufsätze* (1927-1960), hrsg. von Lothar Schäfer und Thomas Schnelle, Frankfurt/M. 1983. – Auf Flecks Publikation von 1935 beruft sich Kuhn im Vorwort zu oben genanntem Titel als „eine Arbeit, die viele meiner eigenen Gedanken vorwegnimmt" (a. a. O., S. 8).
33 Vgl. Peter Wagner, *Fest-Stellungen* (s. Anm. 16), S. 50/51.
34 Ebd., S. 54.

unbesorgt über Verschiebungen, Transformationen und dramatische Wechsel in einer Vielfalt von Rollen, Bildern und Tätigkeiten präsentieren kann".[35] Wagner sieht, dass die postmodernen Einlassungen zum Thema ihr Hauptaugenmerk auf Differenz statt auf Gleichheit, auf Brüche statt auf Kontinuitäten richten. Und er erwartet von der sozialwissenschaftlichen Identitätsforschung, dass sie diese Aspekte stärker zur Geltung bringt.[36] Die Bilanz seiner ‚Beobachtungen' läuft allerdings darauf hinaus, dass sowohl die, wie er sagt, „modernistischen" wie die postmodernen Aussagen zur Identitätsproblematik in sich widersprüchlich sind. Dennoch ist dieser Befund für Wagner noch kein Grund, „sozialwissenschaftliche Identitätsstudien allein mit dem Hinweis darauf zurückzuweisen, daß das explizite Verständnis des Phänomens widerspruchsbehaftet ist." Denn: „Offenbar wird ja etwas untersucht, selbst wenn dies ‚Identität' weder im philosophischen Sinne noch überhaupt im Sinne gängiger sozialwissenschaftlicher Definitionen ist. Viele Menschen entwickeln während ihres Aufwachsens einen Sinn für die Kontinuität ihrer Person und den Zusammenhang ihrer Lebensgeschichte. Und ebenso können viele Menschen benennen, zu welcher Gruppe (oder: welchen Gruppen) sie sich zugehörig fühlen, was sie mit den Mitgliedern dieser Gruppen gemeinsam haben und was sie von anderen Gruppen trennt. Das, was mit Selbstidentität und kollektiver Identität bezeichnet werden soll, ist also nicht reine Fiktion."[37]

Dem, der nur zum Zweck der Selbstbefragung auf die neuere Literatur zur Identitätsproblematik zurückgegriffen hat, kommen Wagners Ausführun-

---

35 Vgl. Douglas Kellner, *Popular Culture and the Construction of Postmodern Identities* (s. Anm. 8), S. 157f.
36 Vgl. Peter Wagner, *Fest-Stellungen* (s. Anm. 16), S. 67: „Es dürfte nicht hinreichen, (De-)Konstruktivismus und Postmodernismus als Diskurse außerhalb der Sozialwissenschaften zu denunzieren, [...] Die neuere Identitätsforschung [...] verlangt nicht den Abschied von der Möglichkeit von Sozialforschung oder Sozialtheorie überhaupt, allerdings eine grundlegende Neuorientierung. Hinsichtlich der empirischen Reichweite des Konzepts muß zunächst verlangt werden, daß die Frage nach den bedeutsamen Lebensorientierungen nicht länger an einen Sinn von Kontinuität und Kohärenz geknüpft wird. Diese Begriffe wären entweder so weit zu fassen, daß sie inhaltsleer werden (wenn etwa ein radikaler Bruch mit einem früheren Leben immer noch als Kontinuität aufgefaßt wird, weil ja dieselbe Person diesen Bruch als solchen denkt). Oder sie setzen der empirischen Beobachtung solche Schranken, daß Erkenntnisse über bedeutsame Lebensorientierungen nicht mehr als Identitätsbildungsprozesse aufgefaßt werden können."
37 Ebd., S. 64.

gen – eine grundsätzliche und wohl auch die gründlichste Analyse des Diskussionsstands am Ende der 1990er Jahre – insofern entgegen, als sie nicht mehr nur eine bestimmte Identitätsform als solche gelten lassen, sondern das Problemfeld öffnen in Richtung auf eine Vielzahl möglicher Identitätsformen – „stabiler oder wandelbarer, stärker als askriptiv oder als gewählt empfundener, stärker substantiell verankerter oder stärker auf Realisierung eines teilunbekannten Selbst bezogener".[38] Woraus R. für sich die Schlussfolgerung zieht, ein Anrecht auf seine individuelle Identitätsform zu haben und sich nicht weiter darum kümmern zu müssen, ob diese im Licht der einen oder anderen Identitätstheorie eher als stabil oder als wandelbar erscheinen werde. Zumal zweifelhaft ist, ob er das Bild, das sich andere von seiner Person gemacht haben, wenn er wollte, durch seine Selbstdarstellung noch beeinflussen könnte. Im übrigen ist er längst dabei, seine Auftritte auf der Lebensbühne in der Rückschau als Rollenspiele zu betrachten und seine Identitätsform in dem zu suchen, worin man ihn, wie er meint, in der *performance* jeder seiner verschiedenen Rollen sofort wiedererkennen müsste.

---

[38] Ebd., S. 66.

# Rollen

Dass er den Untergang der DDR nicht bedauerte, sondern glücklich war, dass er nun schreiben konnte, was er wollte, mit dem Geld, das er jetzt verdiente, reisen, wohin er wollte, Zugang zu allen Informationsquellen hatte und alle Bücher kaufen konnte, die ihn interessierten; dass er – ja, die Banane – wenngleich in bescheidenem Maße an dem Wohlstand des Westens teilhaben konnte: die größere Wohnung mit den drei Komma sechzig Meter hohen Wänden, an denen für Bücherregale Platz war, seine Bibliothek aufzunehmen, das neue japanische Auto statt des alten russischen auf dem technischen Stand der 1950er Jahre, das schon hunderttausend Kilometer gefahren war, als er es hatte kaufen können, und das alle paar Wochen seinen Dienst versagte – kurz: er war froh, dass er die DDR überlebt hatte, und gedachte der Freunde und Kollegen, denen das nicht vergönnt gewesen war. Aber in welchem Verhältnis stand er zu den anderen, denen er sich stets als loyaler Staatsbürger gezeigt hatte, der bei aller Kritik an der Politik der SED-Führung, in der sie mit ihm übereinstimmten, doch wohl nie den Eindruck erweckt hatte, dass er, wie sie gesagt haben würden, das Rad der Geschichte in den Kapitalismus zurückgedreht sehen wollte? Die, obwohl sie das Ende der ‚bleiernen Zeit' der letzten Honecker-Jahre genauso herbeigewünscht hatten, an der sozialistischen Idee festhielten und für den Fortbestand der DDR als eines selbständigen, demokratisch-sozialistisch erneuerten Staates eintraten. Er hatte die Rolle des loyalen Staatsbürgers übernommen, um die Möglichkeit zu erhalten, sich zu habilitieren, eigene Forschungsprojekte zu entwickeln, Zugang zu für die Forschung wichtigen westdeutschen Bibliotheken und Archiven zu erlangen und an internationalen Fachkongressen teilzunehmen. Kurz, um seinen Freiheitsraum zu erweitern, wohl wissend, dass er ihn damit in anderer Hinsicht auch wieder einengen würde. Aber so ist es in der Diktatur: Es gibt nur zwei Arten konsequenten Handelns. Entweder man stellt sich uneingeschränkt und bedingungslos in den Dienst der Machthaber – mit der Perspektive einer späteren Teilhabe an der Macht. Oder man verweigert sich ihnen total und leistet, sofern irgend möglich, aktiven Widerstand. Alles, was dazwischen liegt, ist

Kompromiss, sind die verschiedenen Grade der Einlassung mit den Mächtigen, der funktionalen Einbindung in das System.

Was aber, wenn einer die Diktatur ablehnt, vor der dementsprechenden Handlungskonsequenz jedoch zurückschreckt, weil er seine vermeintlichen oder auch realen Lebenschancen nicht aufs Spiel setzen möchte? R. hat die Geschichte des Nationalsozialismus studiert, sich insbesondere mit dem Verhalten der übergroßen Mehrheit seiner Fachgenossen während dieser Zeit auseinandergesetzt und aus seiner Geringschätzung für die ‚Mitläufer' kein Hehl gemacht. Dabei hat er doch, und das obwohl es in der DDR die längste Zeit etwas moderater zuging, jedenfalls in der Regel nicht das Leben selbst auf dem Spiel stand, seine Zugeständnisse gemacht, und zwar manchmal mehr, als er hatte machen wollen. So hätte er z. B. 1968 von sich aus nie eine Zustimmungserklärung zu der Invasion der Warschauer-Pakt-Truppen in die Tschechoslowakei abgegeben, wie sie damals zuhauf in den ostdeutschen Tageszeitungen zu lesen waren. Es gab aber überfallartige Gewissensprüfungen etwa von der Art, dass auf einer Institutsvollversammlung unversehens eine vorgefertigte Zustimmungserklärung zu der Invasion verlesen wurde – mit anschließender persönlicher Kontrolle des Einverständnisses per Handzeichen. Jedem war klar, dass derjenige, der die Hand erst bei der Gegenprobe gehoben hätte, sofort unter die besondere Beobachtung der ‚Staatsorgane' gestellt worden wäre. Bei allem Respekt für die Dissidenten, die ihre Meinung öffentlich kundtaten, besteht er aber auch im Nachhinein noch auf dem Menschenrecht, die Rolle des Helden und Märtyrers ausschlagen zu dürfen. Ein Recht, das nach der ‚Wende' den ehemaligen DDR-Bürgern von vielen ihrer westdeutschen Schwestern und Brüder nur ungern zugestanden wurde. Erinnert er sich doch an Gespräche in den alten Bundesländern, in denen die massivsten Kompromiss-Vorwürfe an die Adresse der Ostdeutschen ausgerechnet von karrierebewussten Aufsteiger-Typen kamen, von denen er sich gut vorstellen konnte, wie sie sich verhalten hätten, wenn sie in der DDR aufgewachsen wären.

Er ist nicht in der SED gewesen, hat nicht für die Staatssicherheit gearbeitet (seine Stasi-Akten sind einsehbar). Und dennoch muss er sich natürlich eingestehen, dass er die Zugeständnisse, die ihm von dem DDR-Regime gemacht wurden, mit einer Dienstleistung für dieses Regime erkaufte. Er hatte seit Ende der sechziger Jahre eine Reihe von Texten veröffentlichen können, von denen einige offenbar auch in westlichen Fachkreisen mit Interesse aufgenommen worden waren, und demzufolge immer häufiger auch Einladungen zu Gastvorlesungen und zur Teilnahme an Tagungen erhalten, auf denen einer seiner Forschungsschwerpunkte behandelt wurde. Das waren Einladungen in die Bundesrepublik, nach Italien, Frankreich und in die USA. Sie anzunehmen war ihm, obwohl die Veranstalter die gesamten Reise- und Aufenthaltskosten tragen wollten, die längste Zeit verwehrt gewesen, weil er nicht den Status eines West-'Reisekaders' besaß. Eines Tages, anlässlich einer erneuten Einladung nach Italien, bekam er wider Erwarten jedoch die Genehmigung für diese Reise. Welches Kalkül derer, die die Schritte der DDR-Bürger im Verborgenen zu lenken versuchten, dahinter stand, dass R. von nun an hin und wieder reisen durfte, hat er nie erfahren.[39] Ging es nur um die Devisen – denn natürlich mussten DDR-Wissenschaftler die Honorare für ihre Auftritte im Westen bei ihrer Rückkehr zum Kurs von 1:1 in DDR-Mark umtauschen? Oder hatte man begriffen, dass er mit seinem Renommee in gewissen akademischen Kreisen des Westens als lebendiger Beweis dafür geeignet war, dass man nicht nur gestandene Parteigenossen ins ‚nichtsozialistische Ausland' fahren ließ, sondern auch so einen wie ihn? Jedenfalls ist ihm klar, dass er seit seiner ersten Italien-Reise, wie jeder andere in einer vergleichbaren Situation, sofern er sie nicht zur ‚Republikflucht' nutzte, diese Alibi-Funktion erfüllte. Die Funktion eines ‚Parteilosen' zum Vorzeigen.

Nach Italien eingeladen hatte ihn im Namen der germanistischen Institute mehrerer italienischer Universitäten der Kafka-Forscher Giuseppe Farese, damals Professor an der Universität Bari, welche dann auch R.s erste Station in diesem Land war. Dort erfuhr er erst, dass die italienischen Kollegen für ihn ein umfangreiches Arbeitsprogramm erstellt hatten, das ihn nach Rom[40], nach Turin (zu Anna Chiarloni, die ihn auch mit Cesare Cases bekannt machte), nach Genua (zu Giorgio Sichel), Venedig (zu Giuliano Baioni) und Florenz (zu Mazzino Montinari und Maria Caciagli Fancelli) führte. Vorgesehen waren im jeweiligen germanistischen Seminar ein bis zwei Vorträge über die

---

39 Das betrifft auch die Reisen in ‚dringenden Familienangelegenheiten', d. h. den Besuch naher Verwandter bei besonderen Anlässen, der einem größeren Kreis von DDR-Bürgern genehmigt wurde. So erhielt R. anstandslos die Reiseerlaubnis anlässlich der Heirat seiner Schwester, während sie ihm ein Jahr später, beim Tod seines Vaters, versagt wurde.

40 Den Namen des damaligen Direktors des Germanistischen Instituts hat er leider vergessen.

von ihm vorgeschlagenen Themen Heine, Büchner oder die deutsche Literatur des Vormärz allgemein, wozu auf Vorschlag der Gastgeber in Bari auch noch das Thema DDR-Literatur kam. An allen diesen Orten war überdies ein umfangreiches Besichtigungsprogramm eingeplant. In Rom erhielt R. an einem freien Tag sogar noch Zeit für einen Ausflug nach Neapel und Pompeji. Den Erlebniswert, den diese erste Italien-Reise für R. hatte, wird nur der einschätzen können, der sich einmal in einer ähnlichen Situation befunden hat. Danach erhielt er, noch zu DDR-Zeiten, auch die Genehmigung, noch einige Male an wissenschaftlichen Veranstaltungen, auf denen er sprechen sollte, in der Bundesrepublik und im damaligen Jugoslawien teilzunehmen. Und kurz vor dem Ende des DDR-Regimes ließ man ihn nicht nur auch nach Paris fahren, sondern konnte er sogar seine erste USA-Reise antreten, die ihn über Washington und New York zu Gastvorträgen an die Princeton University (zu Walter Hinderer), an die University of Massachusetts in Amherst (zu Klaus Peter), an die Cornell University (zu Peter Uwe Hohendahl) und an die University of Rochester (zu Patricia Herminghouse) führte.

Von den Fachkollegen der von ihm besuchten westdeutschen Universitäten kann er sagen, dass sie ihm durchweg mit Interesse, wenn nicht mit Neugier begegneten, sei es, weil das *Zentralinstitut für Literaturgeschichte der Akademie der Wissenschaften der DDR* (so der offizielle Titel der Einrichtung) mit international anerkannten Wissenschaftlern wie dem Anglisten Robert Weimann, dem Romanisten Manfred Naumann oder dem Germanisten Werner Mittenzwei in Leitungspositionen, aber auch als Schutzraum für bei den Wissenschaftskontrolleuren missliebige Forscher wie die Slawisten Fritz Mierau und Klaus Städtke, im Westen einen guten Namen hatte, sei es, weil ihnen auch R.s Name durch seine Publikationen schon bekannt war. Auf diese Weise machte er die persönliche Bekanntschaft von Eberhard Lämmert, Walter Müller-Seidel, Karl Otto Conrady, Helmut Kreuzer, Karl Robert Mandelkow und anderen namhaften westdeutschen Germanisten der älteren Generation sowie von vielen seiner Altersgenossen unter den Fachvertretern in der Bundesrepublik. Auf seiner USA-Reise und dann 2000, während seiner Gastprofessur an der Waseda-Universität in Tokyo, kam noch eine Reihe US-amerikanischer und japanischer Kollegen hinzu. Aus einigen dieser Begegnungen, die Italiener eingeschlossen, wurden Freundschaften, die über viele Jahre hielten. So die Freundschaft mit Anna Chiarloni, der italienischen Germanistin, die schon zu DDR-Zeiten nach Berlin kam, weil sie sich auf

DDR-Literatur spezialisiert hatte, Christa Wolf und Volker Braun waren wohl ihre Lieblingsautoren. Nach dem Fall der Mauer war Anna die erste, die R. zusammen mit seiner Frau nach Italien einlud, wo sie sie in ihrem Haus in Turin beherbergte und für sie überdies einen Abstecher nach Venedig arrangiert hatte, der auch schon bezahlt war. Bis heute gehalten hätte wohl auch die Freundschaft mit Montinari und dem Japaner Mutsumi Hayashi, wenn sie nicht durch ihren frühen Tod beendet worden wäre.

Für Montinari (1928 – 1986), dessen Namen heute jeder kennt, der einmal in die von Giorgio Colli und ihm, nach Collis Tod von ihm allein, erarbeitete kritische Gesamtausgabe von Nietzsches Werken und Briefen hineingeschaut hat, empfand R. schon bei ihrem ersten Zusammentreffen 1978 in Florenz eine starke Sympathie, die offensichtlich auf Gegenseitigkeit beruhte. Montinari lud ihn gleich nach seinem ersten Auftritt in der Universität in sein Haus nach Settignano ein – eine von ihm gemietete, mit einem Turm versehene schlossähnliche Villa, wo R. auch die Bekanntschaft mit seiner deutschen Frau, seinen Kindern und seinen dem Fremden Respekt einflößenden Hunden machte. Bei Einbruch der Dunkelheit führte man ihn auf die Aussichtsplattform des Turms, von der aus man einen weiten Blick auf das abendliche Florenz hatte. R. erinnert sich, und bis heute überkommt ihn ein Gefühl der Unangebrachtheit dabei, dass man dort oben, nachdem sich herausgestellt hatte, dass Sigrid Montinari aus einem Dorf ganz in der Nähe des Geburtsorts von R.s Frau stammte, – dass man dort oben, diese herrliche Stadt zu Füßen, die ganze Zeit sich lebhaft über thüringische Rhöndörfer unterhielt. Montinari hatte seine Frau in Weimar als Mitarbeiterin der damaligen *Forschungs- und Gedenkstätten der klassischen deutschen Literatur* kennengelernt, die er seit 1961 regelmäßig besuchte, weil der Nietzsche-Nachlass in der DDR dorthin überführt worden war. Den Zugang zu den Beständen des ehemaligen Nietzsche-Archivs hatte die DDR den beiden Italienern wohl erlaubt, weil die Ausgabe ja nicht in der DDR, sondern nur in der Bundesrepublik und – in italienischer bzw. französischer Übersetzung – in Italien und Frankreich erscheinen sollte und die Herausgeber überdies sich als Mitglieder des *Partito comunista italiano* ausweisen konnten. Als Montinari 1980 dann eine Gastprofessur an der Freien Universität erhielt und 1981/82 Fellow des Wissenschaftskollegs in (West-)Berlin geworden war, haben R. und er sich öfter gesehen, hat er R. und seine Frau auch in ihrer winzig kleinen Wohnung in Hohenschönhausen besucht und – dann schon wieder von Weimar kommend – einige Male auch bei ihnen übernachtet, wobei R. nach wie vor unerklärlich ist, wie der große, starke Mann es fertigbrachte, auf ihrer schmalen Couch zu schlafen. Das geschah übrigens auch, als R. ihn, natürlich nicht ohne vorher die Genehmigung der Institutsleitung einzuholen, zu einem Vortrag über seine Nietzsche-Edition in das *Zentralinstitut* eingeladen hatte. Als rationale Erklärung dafür, dass R. ihn so gerne sah und Montinari seinerseits offenbar jede Gelegenheit wahrnahm, R. zu treffen, kann dieser nur die prinzipielle Übereinstimmung ihrer Ansichten über Gott und die Welt, Geschichte und Gegenwart anführen – und die Erwartung, dass sie immer etwas über die interne Situation in dem jeweils anderen Land voneinander erfahren konnten, das ihnen vielleicht nicht jeder Fachkollege erzählte. Montinari hat R. noch einmal zusammen mit zwei anderen italienischen Germanistik-Professoren in Ostberlin besucht, als es ihm schon sehr schlecht ging. Nicht lange danach bekam R. die telefonische Nachricht von seinem plötzlichen Herztod. An der Trauerfeier teilzunehmen war für ihn unmöglich, weil ein Antrag auf die Reisegenehmigung so schnell nicht bearbeitet wurde und wohl auch abgelehnt worden wäre, da R. mit dem Verstorbenen nicht verwandt war. Seiner Frau und ihm blieben aber die Erinnerungen, die ihnen geschenkte *Nietzsche-Studienausgabe* und der Essay-Band *Nietzsche lesen* mit der handschriftlichen Widmung: „*an Johanna und Rainer in Freundschaft, Berlin, Juli 1982, Mazzino*". Und auf ihrer ersten gemeinsamen Florenz-Reise nach dem Ende der DDR haben die beiden auf dem Friedhof von Settignano so lange nach dem Grab gesucht, bis sie an einer Wand des Columbariums die Tafel mit Mazzinos Namen gefunden hatten.

Zu den hier genannten Germanisten-Bekanntschaften kamen noch Begegnungen mit anderen Geisteswissenschaftlern – Philosophen, Historikern, Soziologen, Philologen, Theologen. Den größten Gewinn im Hinblick auf die Erweiterung seines Wissenschaftshorizonts verdankt R. hierbei den von dem Romanisten Hans Ulrich Gumbrecht und dem Anglisten Ludwig Pfeiffer in den achtziger Jahren organisierten internationalen und interdisziplinären Dubrovniker Kolloquien, zu denen er regelmäßig eingeladen wurde. Auf einem dieser Kolloquien lernte er auch den Soziologen Niklas Luhmann kennen, der sich ebenfalls für ihn zu interessieren schien und, als er ihn nach dem Mauerfall wiedersah, sich beschwerte, dass R. es nicht der Mühe wert gefunden hätte, sich für die an ihn ergangene Einladung zu dem Symposium zu bedanken, das die Universität Bielefeld anlässlich seines sechzigsten Geburtstags veranstaltet hatte. R. war aber diese Einladung, die an seine Institutsadresse gesandt worden war, nie zu Gesicht gekommen.

Schon lange bevor ihm Reisen in den Westen erlaubt waren, hatte R. allerdings an Fachkonferenzen und Kolloquien in den sogenannten sozialistischen Bruderländern teilnehmen dürfen. In den meisten Fällen war er als einer der wenigen Germanisten, der fließend Russisch sprach, von dem Berliner Akademie-Institut nach Moskau und in das damalige Leningrad geschickt worden, war er mehrfach auch in Prag, Bratislava, Budapest und Warschau gewesen. Langjährige, nicht auf das gelegentliche Zusammentreffen im Rahmen von Universitätsveranstaltungen beschränkte freundschaftliche Beziehungen entstanden hierbei jedoch nur aus der Begegnung mit dem Petersburger Dostojewski-Forscher Georgij Michailowitsch Fridlender und dem Slawisten Karol Rosenbaum aus Bratislava. Nichtsdestoweniger hat R. selbst aus den meist nur flüchtigen Kontakten, die es mit den Fachkollegen gab, schon in den 70er Jahren den Eindruck gewonnen, dass die Distanz zwischen den Wissenschaftlern und den ihnen vorgesetzten Institutsdirektoren und Parteisekretären größer war als in der DDR, und dass andererseits eine größere Aufgeschlossenheit da war im Verhältnis selbst zu ausländischen Kollegen, die man als gleichgestellt ansah. Am meisten überraschte ihn jedoch – auch das ein Unterschied zu seiner akademischen Umwelt –, dass zumindest bei den Angehörigen seiner Generation in allen diesen Ländern, die damalige Sowjetunion eingeschlossen, die kommunistische Utopie ausgedient zu haben schien. Viele seiner Gesprächspartner gaben, ohne ihn doch näher zu kennen, unumwunden zu verstehen, dass in ihren Augen der Menschheitsfortschritt von den westlichen Demokratien, nicht von dem Sowjetsystem verkörpert wurde. Er erinnert sich an tschechische Kollegen, die in größerer Runde ungeniert politische Witze erzählten, oder an eine russische Kollegin, die ihm bei anderer Gelegenheit andeutete, welche ihrer Vorgesetzten, die oft auch in der DDR zu Besuch waren, für das KGB arbeiteten. Nicht vergessen hat er aber auch eine Pausen-Szene einer Budapester Konferenz, in der er estnische Wissenschaftler aus Versehen russisch ansprach, worauf die ihm im Ton einer Zurechtweisung in fehlerfreiem Deutsch erklärten, dass sie von der Universität Tartu (Dorpat) kämen, und auf R.s Bemerkung hin, dass sie dann ja wohl Kollegen des in der DDR wohlbekannten Jurij M. Lotman[41] seien, die Mitteilung für angebracht hielten, dass Lotman kein Este, sondern ein Jude sei.

---

41  Jurij Michailowitsch Lotmans Buch *Die Struktur literarischer Texte* war 1972 in deutscher Übersetzung in München erschienen.

Fragt R. sich, welche Rolle er bei seinen Auftritten im Osten gespielt hat, so kommt er in der Rückschau zu dem Schluss, dass sie relativ unkompliziert, weil generell auf der unteren Ebene und unter Gleichgestellten zu spielen war: Man wusste sich als Geisteswissenschaftler im sozialistischen Lager prinzipiell in der gleichen Situation. Aber was war seine Rolle im Westen? Besser gefragt: Wie verhielt er sich gegenüber den westlichen Fachkollegen, die ja auch das Akademie-Institut besuchten. Natürlich legte er Wert auf die Feststellung, dass auch in der DDR Wissenschaft betrieben wurde, die diesen Namen verdient. Auftritte, bei denen er zu Themen aus seinen individuellen Arbeitsgebieten sprach oder über andere Forschungsvorhaben und -ergebnisse des Instituts informierte, boten ihm dazu die Gelegenheit und lenkten zudem die Aufmerksamkeit auf ihn selbst, der sich als autonomer Wissenschaftler zu präsentieren versuchte. Politische Gespräche waren unvermeidlich, und er machte kein Hehl aus seiner Ablehnung des DDR-Regimes, wenn er mit westlichen Kollegen redete, die er kannte. Soll heißen, er sprach mit ihnen kaum anders als mit den Kollegen in der DDR, von denen er wusste, dass sie die SED-Führung genauso zum Teufel wünschten und das Scheitern des Staatssozialismus ebenso kommen sahen wie er. R. erinnert sich aber auch noch an die schlechte Figur, die er seiner Selbstbeobachtung nach in Bari 1978 oder in Paris 1988 gemacht haben muss, als er, aus dem Publikum zu einer politischen Stellungnahme gedrängt, damit zu rechnen hatte, dass ein Mitarbeiter der DDR-Botschaft auf der Veranstaltung zugegen war oder auch nur ein einheimischer Journalist, dessen Bericht man, auch in der Botschaft, am nächsten Tag würde in der Zeitung lesen können. Und das war wiederum nicht anders, als wenn in der DDR im größeren Kreis, bei offiziellen Anlässen, eine Meinungsäußerung von ihm erwartet wurde oder Hausnachbarn, von denen er vermutete oder wusste, dass sie für den Staatssicherheitsdienst arbeiteten, ihn in ein Gespräch verwickelten. Also hätte er, wenn er nun sein Sozialverhalten reflektiert, nicht zwischen einer Ost- und einer Westrolle zu unterscheiden, sondern zwischen den Rollen, die er je nachdem übernahm, ob er sich einigermaßen sicher fühlte vor der Beobachtung oder nicht? Ja und nein. Denn er spielte, wenn er in den Westen kam, doch eine etwas andere Rolle. Er gab sich, wohl weil seine Selbstachtung das erforderte, den Anschein einer Autonomie, die er in seiner Kompromisshaltung *realiter* nicht besaß. In Kenntnis der postmodernen (Nicht-)Identitätstheorien wird ihm bei dieser Selbstreflexion allerdings auch klar, dass er den Rollenwechsel fast schon automatisiert hatte. Dass unterhalb der Rollen aber immer noch eine Bewusstseinsschicht oder, sagen wir: das Unterbewusstsein war, das ihm jeden *faux pas,* beispielsweise im Gespräch mit DDR-Offiziellen, signalisierte, nimmt er als Beweis dafür, dass seine Identität in den Rollen nicht völlig aufging und dass – jedenfalls in der Diktatur – die Beherrschung der loyalen Rolle ebenso wie ein bestimmter Identitätsbehalt erforderlich sind, um nicht die geschilderte Kompromisshaltung aufzugeben und die eine oder andere Konsequenz zu ziehen.[42]

In der Umbruchszeit 1989/90 hätte R. in die Politik gehen können – so wie eine Reihe anderer Mitarbeiter der DDR-Wissenschaftsakademie, man denke an Wolfgang Thierse, Reinhard Höppner oder Angela Merkel, die auch keine Widerstandskämpfer waren. Fürs erste genügte, dass man nicht für die ‚Stasi' gearbeitet hatte und nicht Mitglied der SED gewesen war, um sich auf diesem Gebiet zu versuchen. Er hat die Möglichkeit nie ernsthaft erwogen. Für ihn stand von Anfang an fest, dass er jetzt, da die Einschränkungen, die ihn bisher behindert hatten, weggefallen waren, erst recht in seiner Wissenschaft weiterarbeiten musste. Natürlich wusste er auch, dass er sich für die Politik gar nicht geeignet hätte, weil er lieber in seinem Studierzimmer saß als dass er sich der Öffentlichkeit aussetzte, weil er ein schlechter Redner,

---

42 Thomas Luckmann, der im Anschluss an Jacob L. Moreno (s. Anm. 7) von der „Rollenbestimmtheit der persönlichen Identität" spricht, statuiert ein von einer bestimmten Rolle unabhängiges Selbst als Resultat einer Rollendistanz: „‚Distanz' zu einer Rolle gewinnt der Handelnde, wenn der ausschließliche Realitätsanspruch eines von *dieser* Rolle ‚unabhängigen' Selbst eingegrenzt wird. Ein von *allen* sozialen Rollen ‚unabhängiges' Selbst gibt es natürlich nicht – jedenfalls kann es vom Handelnden nicht gleichsam als Objekt einer sozialen Rolle gegenübergestellt werden. Vielmehr ist die Vorbedingung zur ‚Relativierung' einer Rollenwirklichkeit – und zugleich auch zur Bildung eines als Gegenstand nicht fassbaren Identitätskerns – ein Triangulierungsvorgang. In diesem Vorgang heben sich die Rollenwirklichkeiten A und B als erinnerte Akte *einer* Biographie, als potentielle Handlungsentwürfe *eines* Bewusstseins voneinander ab." Der ‚unabhängige' Realitätsanspruch eines quasi-autonomen Selbst wird erst möglich, nachdem sich verschiedene Wirklichkeitssegmente – in diesem Fall Rollenentitäten – wechselseitig relativiert haben." Vgl. Thomas Luckmann, *Persönliche Identität, soziale Rolle und Rollendistanz,* in: Odo Marquard/Karlheinz Stierle (Hrsg.), *Identität* (= *Poetik und Hermeneutik,* Bd. 8), München 1979, S. 310 und 311.

nicht sehr kommunikativ und überdies zu alt war. Aber auch die Chance, an die Humboldt-Universität überzuwechseln (er hatte diskrete Hinweise erhalten, dass man mit seiner Bewerbung rechne), hatte er nach gründlicher Überlegung ungenutzt gelassen. Ihm war klar, dass er auch in diesem Fall angesichts der immensen organisatorischen Aufgaben, die damals auf jeden neu berufenen Hochschullehrer zukamen, kaum zu eigener wissenschaftlicher Arbeit kommen würde. So entschied er sich, an dem neu gegründeten *Zentrum für Literaturforschung* zu bleiben, in dem unter der Ägide der Max-Planck-Gesellschaft, später der Deutschen Forschungsgemeinschaft, diejenigen Forschungsprojekte des alten Akademie-Instituts versammelt wurden, die von der für dieses Institut zuständigen Evaluierungskommission für weiterführenswert befunden worden waren. Er hat diese Entscheidung, trotz der materiellen Unsicherheit, der er sich damit aussetzte, nie bereut. Denn das Jahrzehnt bis zu seiner Emeritierung wurde für ihn zum produktivsten seines ganzen Wissenschaftlerlebens. Er hat in dieser Zeit, langsam wie er nun einmal im Schreiben vorankam, für seine Verhältnisse viel publiziert, obwohl er Gastprofessuren in Deutschland, Italien und Japan angenommen hatte und in zahlreichen Konferenzen und Kolloquien mit Vorträgen aufgetreten war. Die Kosten für diese weitgehend selbstbestimmte Existenz hatte er freilich auch selbst zu tragen. Sie bestanden nicht nur in der Unsicherheit, die sich daraus ergab, dass die Tätigkeit in diesem Zentrum projektgebunden war und über die Projekte wie über die Weiterführung des Zentrums überhaupt alle zwei, drei Jahre neu verhandelt wurde.[43] Sie bestanden auch im Verzicht auf eine reguläre Universitätskarriere und damit auf eine Verbeamtung samt der entsprechenden Altersversorgung. Doch traten diese Probleme damals zurück hinter dem Gedankenaustausch und den Plänen für die Zusammenarbeit mit einer wachsenden Zahl von Geistes-, Kultur- und Sozialwissenschaftlern aus

---

43 Gegen die Einrichtung selbständiger geisteswissenschaftlicher Forschungszentren, wie es sie in der Bundesrepublik noch nicht gegeben hatte, formierte sich der Widerstand der Universitäten, die damit das Prinzip der Einheit von Forschung und Lehre verletzt sahen. Dass es überhaupt zu der Gründung dieser Zentren kam und das *Zentrum für Literaturforschung* (heute: Literatur- und Kulturforschung) schließlich den Status eines regulären Forschungsinstituts erlangte, ist vor allem dem damaligen Direktor des Instituts für allgemeine und vergleichende Literaturwissenschaft der Freien Universität Berlin, Eberhard Lämmert, zu danken, der nach seiner Emeritierung sich mit unverminderter Arbeitskraft für den Aufbau und den Erhalt dieses Zentrums einsetzte.

dem ganzen Bundesgebiet. Was die Literaturwissenschaftler anbetraf, kannte man sich meist schon aus der Zeit des ‚Kalten Krieges' und wusste, mit wem man es zu tun hatte. Probleme gab es mit einigen Fachvertretern westdeutscher Universitäten, die in die DFG-Kommission neu berufen worden waren, um die Projekte des *Zentrums für Literaturforschung* zu evaluieren. Sein Projekt, unter Beteiligung von Wissenschaftlern aus den alten Bundesländern die Geschichte der Germanistik in Westdeutschland aufzuarbeiten, wäre an diesen Kommissionsmitgliedern fast gescheitert. So selbstverständlich es für sie war, dass Westdeutsche die Deutungshoheit über die DDR-Geschichte beanspruchten, so verstörend war für sie offenbar der Gedanke, dass über eine bundesrepublikanische Geschichte unter der Leitung eines Ostdeutschen gearbeitet werden sollte.[44]

Wie sah R. nun selbst seine Rolle in der Zeit nach der Wiedervereinigung? Er musste bald feststellen, dass man von ihm vor allem Innenansichten der DDR-Germanistik erwartete. Über die hatte er zwar auch geschrieben, aber das Themenspektrum seiner Publikationen aus dieser Zeit war insgesamt doch breiter gewesen. Die Erwartungshaltung erklärt sich wohl nicht zuletzt daraus, dass die Zahl der ostdeutschen Fachvertreter seiner Generation, die zu einer Auseinandersetzung mit der jüngsten Geschichte ihres Fachs bereit waren, zunächst nicht sehr groß war. Oder dass viele von ihnen ihre Art der Auseinandersetzung in der eingeschränkten Öffentlichkeit von *Leibniz-Sozietät* oder *Rosa-Luxemburg-Stiftung*[45] führten, in die sie nach der ‚Wende' sich zurückgezogen hatten oder abgedrängt worden waren. Je weiter die DDR in die Vergangenheit rückte und die aktuellen Probleme des Fachs im vereinigten Deutschland sich in den Vordergrund schoben, umso weniger war R. jedoch in dieser Zeitzeugen-Rolle gefragt. Allmählich, scheint ihm, verlor seine DDR-Sozialisation an Bedeutung, es interessierte nicht mehr so sehr, woher er kam und was dort einst die herrschende Meinung war, als vielmehr die Qualität seines Beitrags zu dem hier und heute behandelten Thema. War

---

44 Hervorgegangen aus der Arbeit an diesem Projekt ist u. a. der von Rainer Rosenberg, Inge Münz-Koenen und Petra Boden herausgegebene Band *Der Geist der Unruhe. 1968 im Vergleich. Wissenschaft – Literatur – Medien,* Berlin 2000.

45 Hierbei handelte es sich um eine Arbeitsgemeinschaft der ehemaligen Mitglieder der DDR-Wissenschaftsakademie, die nicht in die Berlin-Brandenburgische Akademie der Wissenschaften übernommen worden waren, bzw. um eine von der PDS (heute: DIE LINKE) als parteinah anerkannte Stiftung für politische Bildung.

er angelangt in der bundesrepublikanischen Normalität eines Germanisten-Daseins, dessen Ausstrahlung punktuell allenfalls bis in die eine oder andere Nachbardisziplin hineinreicht? Wenn das so gewesen ist, dann war das wohl die letzte Rolle, die ihm zufiel, und zwar in einem Alter, in dem er in dem Wissenschaftsbetrieb keine Rolle mehr zu spielen brauchte, keine Rolle mehr spielte.

Das galt allerdings noch nicht für seine letzte Reise als Projektleiter im *Zentrum für Literatur- und Kulturforschung,* die ihn im Herbst 2000, kurz vor seiner Emeritierung, zur Wahrnehmung einer Gastprofessur nach Tokyo führte. Eingeladen hatte ihn auf Anregung Mutsumi Hayashis die Waseda Universität, eine der größten Tokyoter Privatuniversitäten, und wie bei längerer Anwesenheit des Gastes im Lande üblich, erstreckte sich die Einladung auch auf R.s Ehefrau. Dass man von ihr in Tokyo ebenfalls etwas über ihre wissenschaftliche Arbeit hören wollte, ergab sich aus ihren Studien über die deutsche Kunstwissenschaftlerin und Schriftstellerin Lu Märten[46]. In Deutschland lange Zeit fast vergessen, hatte Märten in den 1920er Jahren einen Kreis junger Wissenschaftler und Künstler um sich versammelt, zu denen auch ein damals zum Studium nach Berlin gekommener junger Japaner gehörte – der später international bekannt gewordene Theaterregisseur und Schauspieler Senda Koreya[47], einer der Begründer des japanischen Sprechtheaters. Als das Ehepaar R. nach Tokyo kam, lebte Senda Koreya zwar schon nicht mehr, über ihn, den Johanna bei seinem Berlin-Besuch 1982 noch persönlich kennengelernt hatte, war der Name Lu Märtens jedoch in das Bewusstsein japanischer Theaterwissenschaftler und Germanisten eingegangen, woraus sich für Johanna das Angebot zu einem Märten-Vortrag ergab. R. selbst hatte als Vorlesungs- bzw. Seminarthemen an der Waseda Universität ‚Literaturwissenschaft und Kulturwissenschaft' und ‚Literarischer Stil. Mög-

---

46 Lu Märten (1879 – 1970) veröffentlichte neben poetischen und publizistischen Arbeiten die Schriften *Die wirtschaftliche Lage der Künstler* (1914), *Die Künstlerin* (1919) und *Wesen und Veränderung der Formen/Künste. Resultate historisch-materialistischer Untersuchungen* (1924, Neuauflage 1949).

47 Senda Koreya (1904 – 1994) betätigte sich neben seiner praktischen Theaterarbeit auch als Theaterhistoriker und -Theoretiker (*Moderne Schauspielkunst,* 2 Bde. 1949; *Einführung in die Theaterkunst,* 1952). Er gilt als der Wegbereiter Bertolt Brechts in Japan, dessen Werke er herausgab und z. T. selbst übersetzte. In dem von ihm in Tokyo gegründeten ‚Schauspieler-Theater' (Haiyūza) wie auch auf anderen Bühnen inszenierte er zwischen 1953 und 2004 mehrere Brecht-Stücke.

lichkeiten und Grenzen des Stilbegriffs' angegeben. Über das eine oder das andere Thema sprach er auch an der Keio und an der Metropolitan University, die ihn zu Vorträgen einluden. Die Meiji Universität organisierte auf Anregung von Hayashi eine von diesem moderierte Podiumsdiskussion zum Thema ‚Möglichkeiten eines neuen Paradigmawechsels der Literaturforschung im 21. Jahrhundert', und bei diesem Thema, das die Japaner vorgeschlagen hatten, ging es, wenn er sich recht erinnert, um nichts anderes als die Probleme eines kulturwissenschaftlichen Neuaufbaus der Disziplin.

Während R.s und J.s Japan-Aufenthalts fand an der Nanzan Universität in der Toyota-Stadt Nagoya aber auch die jährliche Generalversammlung der Japanischen Gesellschaft für Germanistik statt, und die Veranstalter hatten schon vor R.s Eintreffen in Tokyo vereinbart, dass er auf dieser Versammlung über die aktuelle Situation der deutschen Literatur und Literaturwissenschaft referieren sollte. Also sprach er dort über die Frage, ob nach der Wiedervereinigung Deutschlands nicht auch die deutsche Literaturgeschichte der zweiten Hälfte des 20. Jahrhunderts wiederzuvereinigen sei. Schließlich behandeln wir ja auch die während des Dreißigjährigen Krieges entstandene deutsche Literatur der katholischen und der protestantischen Länder nicht in getrennten Kapiteln – eine Frage, die er im selben Jahr schon auf einer Konferenz im italienischen Trient aufgeworfen hatte. Für den übernächsten Tag war in Nagoya noch ein Treffen angesetzt, von dem es im Veranstaltungsprogramm heißt: „Rundtischgespräch mit GermanistInnen aus der JGG-Zweigstelle ‚Tokai' 14.00 – 15.30 Uhr: Rosenbergs Einleitung zur Situation der DDR-Intellektuellen nach der Wiedervereinigung, Fragen und Antworten, anschließend gesellige Stunden bei Wein und Bier." Ein solches zwangloses Beisammensein nach getaner Arbeit, wurde R. belehrt, war keine seinetwegen gemachte Ausnahme, sondern, jedenfalls bei den japanischen Germanisten, die Regel. Dass der Gast aber an allen Orten in diesen kollegialen Gedankenaustausch unmittelbar einbezogen wurde, empfand er, verglichen mit den deutschen Gepflogenheiten, dennoch als bemerkenswert. Dabei konnte R. sich bald davon überzeugen, dass das alles nicht spontan geschah, sondern genau geplant und dann perfekt organisiert worden war: wann Professor Kachi R. und seine Frau in Nagoya zu einer Teezeremonie in ihr Haus einluden, an der die ganze Familie beteiligt war, an welchen Tagen die Exkursionen nach Inuyama, Kyoto und Nara stattzufinden hatten, für welche Vorstellung in Tokyo Johannas Eintrittskarte für das Kabuki Theater bereit liegen und an welchem Tage der deutschstämmige Professor Scheiffele R. auf einer Fahrt nach Kamakura und auf die Insel Enoshima begleiten sollte. Unvergesslich auch der Abend mit Hayashi und dem Theaterwissenschaftler Professor Tatsuji Iwabuchi in einem Restaurant in einer der obersten Etagen des neuen Rathauses (Tokyo Metropolitan Government Offices), eines 243-Meter-Wolkenkratzers im Tokyoter Stadtteil Shinjuku: im Blick aus dem Fenster ein Lichtermeer bis zum Horizont. Von dem damals schon sehr gebrechlichen Iwabuchi erhielt das Ehepaar R. bis zu seinem Tod im Frühjahr 2013 noch regelmäßig Neujahrsgrüße.

Mutsumi Hayashi, ungefähr so alt wie R., hatte, als der ihn kennenlernte, bereits eine Germanistik-Professur an der Waseda Universität. Er hatte einige Semester bei Walter Dietze in Leipzig studiert, der, selbst Autor eines Buches über das *Junge Deutschland,* wahrscheinlich sein Interesse auf die deutsche Literatur dieses Zeitabschnitts gelenkt und ihn in diesem Zusammenhang auf R. hingewiesen hat, mit dem Hayashi sich dann auch in Verbindung setzte. Wiedergesehen hat R. ihn Jahre später in Weimar als Teilnehmer einer Gruppe japanischer Germanisten, die auf Einladung des *Zentralinstituts für Literaturgeschichte* die Forschungs- und Gedenkstätten der deutschen Klassik besuchten. Damals muss er ihm auch erzählt haben, dass er die letzten Jahre hauptsächlich über die Geschichte der Germanistik gearbeitet habe und sein zweites Buch zu diesem Thema demnächst erscheinen werde. Hayashi kam nach kurzem Überlegen zu dem Schluss, dass das Thema die japanischen Germanisten ja auch interessieren müsste, zumal den meisten darüber kaum etwas bekannt sein dürfte. Und er erbot sich, das Buch ins Japanische zu übersetzen.[48] Als R. dann selbst nach Japan kam, war er also auch dort kein ganz Unbekannter mehr, weil einige Kollegen nicht nur die japanische Übersetzung dieses Buches, sondern – auf Deutsch – auch schon sein Vormärz-Buch gelesen hatten. Zu dieser Zeit wusste Hayashi schon von seiner Krebskrankheit, und man sah ihm auch an, dass sie ihm zu schaffen machte. Dessen ungeachtet war er noch voll aktiv, kam er auch noch zweimal nach Deutschland, das letzte Mal mit einigen seiner Studenten. R. und J. sind mit ihm nach Lübeck gefahren, das ihn als begeisterten Thomas-Mann-Leser interessierte, hatten aber nicht berücksichtigt, dass das Sightseeing bei Japanern schneller

---

48 Die japanische Übersetzung von R.s *Literaturwissenschaftliche Germanistik. Zur Geschichte ihrer Probleme und Begriffe* erschien 1991 in Tokyo.

geht und er erwartet hatte, dass sie in den anderthalb Tagen, die sie für diese Exkursion geplant hatten, ihm auch noch Hamburg zeigen würden. Danach haben sie noch zweimal eine Email von ihm bekommen. In der ersten teilt er mit, dass er zum Jahreswechsel von seinen Kollegen und Freunden zahlreiche Grußkarten erhalten hat, die ihm bestätigen, „dass Rainer's Vortragstournee durch Japan ueberall sehr erfolgreich war. Es gab auch welche, die [soll heißen: denen] Ihr beide dazu verholfen habt, unter ihre nostalgische Erinnerung an die ‚alte, gute' DDR-Zeit endlich einen Schlussstrich zu ziehen, etwa um mit Heine zu sprechen, ‚in scheidender Freundschaft'" Die zweite Email endet so: „Schoene Stunden und Tage, die Ihr mir in Deutschland und Japan geschenkt habt, werde ich bis zum letzten Atemzug niemals vergessen. Was kann ich, was soll ich noch mehr schreiben, angesichts des nahenden Todes?! Mein letztes Wort an Euch, liebe Johanna, lieber Rainer, soll heissen: Ich war sehr gluecklich ueber unsere aufrichtige Freundschaft [...] Nun ‚voilà' und alles erdenklich Gute fuer Euch. Viele herzliche Gruesse aus Tokio Euer Mutsumi." Er starb am 23. Juni 2004.

# Wissenschaftsgeschichte

Die erste selbständige, auf wissenschaftsgeschichtlicher Forschung basierende *Geschichte der deutschen Literaturwissenschaft* verdanken wir dem 1943 in Auschwitz umgekommenen polnischen Germanisten Sigmund von Lempicki (Zygmunt Łempicki)[49]. *Studien zur Geschichte der deutschen Philologie aus der Sicht eines alten Germanisten* veröffentlichte 1971 auch der wegen seines Engagements für den Nationalsozialismus 1945 amtsenthobene ehemalige Rektor der Universität Göttingen, Friedrich Neumann. Den Auftakt für die kritische Aufarbeitung der Geschichte der institutionalisierten deutschen Germanistik gaben nach 1945 Eberhard Lämmert und einige andere Fachvertreter mit ihren Vorträgen auf dem Münchener Germanistentag von 1966.[50] Von der Auseinandersetzung dieser Autoren mit der Vergangenheit und dem gegenwärtigen Zustand der Disziplin angeregt, entstanden in den 1970er Jahren neben monographischen Studien, wie z. B. Ulrich Wyss' *Die wilde Philologie. Jacob Grimm und der Historismus*, München 1979, auch als erstes größeres Gemeinschaftsprojekt der von Jörg Jochen Müller (später Berns) edierte Band *Germanistik und deutsche Nation 1806–1848*, Stuttgart 1974, und die von Johannes Janota herausgegebene und mit einer längeren *Einführung* versehene Dokumentation *Eine Wissenschaft etabliert sich. 1810 –1870*, Tübingen 1980. R.s 1981 erschienene *Zehn Kapitel* und Klaus Weimars fundamentales Werk über die *Geschichte der deutschen Literaturwis-

---

49 Vgl. Sigmund von Lempicki, *Geschichte der deutschen Literaturwissenschaft bis zum Ende des achtzehnten Jahrhunderts*, Göttingen 1920. – *2., durchgesehene, um ein Sach- und Personenregister sowie ein chronologisches Werkverzeichnis vermehrte Auflage*, Göttingen 1968.
50 Vgl. vor allem Eberhard Lämmert, *Germanistik – eine deutsche Wissenschaft*, und Karl Otto Conrady, *Deutsche Literaturwissenschaft und Drittes Reich*, in: Benno von Wiese/Rudolf Henß (Hrsg.), *Nationalismus in Germanistik und Dichtung. Dokumentation des Germanistentages in München vom 17. bis 22. Oktober 1966*, Berlin 1966. – Lämmerts und Conradys Vorträge erschienen zusammen mit den Beiträgen von Walther Killy, *Zur Geschichte des deutschen Lesebuchs*, und Peter von Polenz, *Sprachpurismus und Nationalsozialismus*, unter dem Titel des Lämmert-Vortrags 1967 auch als Suhrkamp Taschenbuch 204.

*senschaft bis zum Ende des 19. Jahrhunderts,* München 1989, waren dann die ersten größeren Zusammenhangsdarstellungen aus der Sicht der damals mittleren Wissenschaftler-Generation.

Der R.s Zehn Kapiteln acht Jahre später folgende Band *Literaturwissenschaftliche Germanistik*[51]*,* der, ins Japanische übersetzt, 1991 auch in Tokyo herauskam, behandelt wie sein Vorgänger im wesentlichen die Geschichte der deutschen Literaturwissenschaft vor 1933 und behält auch dessen ideologiekritische Tendenz bei. Der Geschichte der (Teil-)Disziplin unter dem Nationalsozialismus bzw. in den beiden deutschen Staaten nach 1945 widmen sich R.s Beiträge in den von ihm zusammen mit Petra Boden bzw. mit Inge Münz-Koenen und Petra Boden herausgegebenen Bänden *Deutsche Literaturwissenschaft 1945-1965*[52] und *Der Geist der Unruhe*[53] sowie der Schlussteil seines Essays über den Habitus der germanistischen deutschen Literaturwissenschaftler von 2009.[54] Seine für die beiden Sammelbände geschriebenen Texte hat R. auch in sein Buch *Verhandlungen des Literaturbegriffs* von 2003 aufgenommen, das neben seinen Aufsätzen zum Literatur- und zum Stilbegriff, zur Konstituierung literarischer Epochenbegriffe und zu anderen Themen der Disziplingeschichte auch seine nach eigener Einschätzung wichtigsten Arbeiten zu einzelnen Perioden der deutschen Literaturgeschichte enthält.[55] An deren Aufnahme in das Buch war R. umso mehr gelegen als er feststellen musste, dass er, vom engen Kreis der Vormärz-Forscher abgesehen, in der *literary studies community* fast nur noch als Disziplinhistoriker wahrgenommen wurde, während ihn doch das *Forum Vormärz Forschung* immer wieder anhielt, zu der Materie zurückzukehren, in der er vor heute bald fünfzig

---

51 Vgl. Rainer Rosenberg, *Literaturwissenschaftliche Germanistik. Zur Geschichte ihrer Probleme und Begriffe,* Berlin 1989.
52 Vgl. Rainer Rosenberg, *Zur Begründung der marxistischen Literaturwissenschaft in der DDR,* in: Petra Boden/Rainer Rosenberg (Hrsg.), *Deutsche Literaturwissenschaft 1945-1965. Fallstudien zu Institutionen, Diskursen, Personen,* Berlin 1997.
53 Vgl. Rainer Rosenberg, *Die sechziger Jahre als Zäsur in der deutschen Literaturwissenschaft. Theoriegeschichtlich,* in: Ders./Inge Münz-Koenen/Petra Boden (Hrsg.), *Der Geist der Unruhe. 1968 im Vergleich. Wissenschaft – Literatur – Medien,* Berlin 2000.
54 Vgl. Rainer Rosenberg, *Die deutschen Germanisten. Ein Versuch über den Habitus,* Bielefeld 2009.
55 Vgl. Rainer Rosenberg, *Verhandlungen des Literaturbegriffs. Studien zu Geschichte und Theorie der Literaturwissenschaft,* Berlin 2003.

Jahren seine wissenschaftliche Arbeit begonnen hat. Daher sind auch in den Konferenz-Bänden zu den Themen Vormärz und Aufklärung, Vormärz und Klassik, Vormärz und Romantik Beiträge von ihm zu finden.[56] Gefragt war außerdem seine Teilnahme an Veranstaltungen zu diversen anderen die Disziplingeschichte überschreitenden Themen, wie z. B. an dem DFG-Symposion 1993 über Germanistik und Komparatistik auf Schloss Ringberg[57], dem vom Centre national de la recherche scientifique (CNRS) 1994/95 in der Maison Suger in Paris veranstalteten Seminar *Théorie de la littérature*[58], oder dem Kolloquium zur DDR-Literatur 2000 an der Università degli studi di Trento.[59]

Die Disziplingeschichte war allerdings der Gegenstand, über den zu schreiben oder zu sprechen R. bis in die letzten Jahre die meisten Aufforderungen respektive Einladungen erhalten hatte. Seit 1990 Mitglied des dem Marbacher Deutschen Literaturarchiv zugeordneten Arbeitskreises für die Geschichte der Germanistik, war R. bis 1996 an der Vorbereitung und Durchführung der jährlich dort veranstalteten Symposien beteiligt.[60] In engem Kontakt stand er

---

56  Vgl. Rainer Rosenberg, *Eine „neue Literatur" am „Ende der Kunst?"*, in: Lothar Ehrlich/Hartmut Steinecke/Michael Vogt (Hrsg.), *Vormärz und Klassik*, Bielefeld 1999; ders., *Das Junge Deutschland – die dritte romantische Generation?*, in: Wolfgang Bunzel/Peter Stein/Florian Vaßen (Hrsg.), *Romantik und Vormärz. Zur Archäologie literarischer Kommunikation in der ersten Hälfte des 19. Jahrhunderts*, Bielefeld 2003; ders., *Reformation – Aufklärung – Revolution. Zum Aufklärungsdiskurs in der konservativen Literaturgeschichtsschreibung des Vormärz*, in: Wolfgang Bunzel/Norbert Otto Eke/Florian Vaßen (Hrsg.), *Der nahe Spiegel. Vormärz und Aufklärung*, Bielefeld 2008.
57  Vgl. Rainer Rosenberg, *Germanistik und Komparatistik in der DDR*, in: Hendrik Birus (Hrsg.), *Germanistik und Komparatistik. DFG-Symposion 1993*, Stuttgart/Weimar 1995, S. 28-36.
58  Vgl. Rainer Rosenberg, *Rejet de l'art moderne au nom de la morale: le débat littéraire en Allemagne dans les années 50 et 60*, in: *Théorie de la littérature = Revue germanique internationale 8/1997*, S. 213-224.
59  Vgl. Rainer Rosenberg, *Nach der Wiedervereinigung: Wiedervereinigung der deutschen Literaturgeschichte?*, in: Fabrizio Cambi/Alessandro Fabrini (Hrsg.), *Zehn Jahre nachher. Poetische Identität und Geschichte in der deutschen Literatur nach der Vereinigung = Collana del Dipartimento di Scienze Filologiche e Storiche 57*, Trento 2002, S. 43-56.
60  Der Arbeitskreis wurde 1988 gegründet. Sein erster Leiter war Eberhard Lämmert. – An dem 1992er Symposion *Germanistik in Mittel- und Osteuropa 1945–1992* war R. mit einem Vortrag *Literaturwissenschaftliche Germanistik in der DDR* (vgl. Christoph König, Hrsg., Berlin/New York 1995, S. 41-50), an dem Symposion *Germanistische Literaturwissenschaft vor und nach 1945* von 1993 mit dem Vortrag *Die Formalis-*

seit dieser Zeit auch zu der Bielefelder, später: Kölner Forschergruppe, die unter der Leitung von Wilhelm Voßkamp ebenfalls an einem Projekt zur Germanistik-Geschichte arbeitete.[61] Darüber hinaus gab es ähnliche Projekte bei der Stiftung Weimarer Klassik und an den Universitäten in Hildesheim, Magdeburg und Rostock, zu denen R. Beiträge geleistet hat.[62] Nicht unerwähnt bleiben sollen die Einzelforscher an anderen Universitäten, die Ausschnitte aus diesem Themenkomplex für ihre Dissertation wählten und von denen einige auch R.s Rat einholten.

Hatte R. sich in seinen Forschungen zur Geschichte der Germanistik ebenso wie sein Altersgenosse Voßkamp an Wissenschaftlern der älteren Generation wie Lämmert oder Conrady orientieren können, so waren sie nun selbst die Ansprechpartner einer weitaus größeren Zahl von jungen Wissenschaftlern und Studenten geworden, die auf diesem Gebiet arbeiten wollten. Von ihnen gingen einige auf das neunzehnte Jahrhundert zurück und boten Monographien etwa zu Gervinus, Hettner oder Scherer, die manche ältere Arbeit außer Kurs setzten.[63] Hauptthemen dieser Generation waren aber die Germa-

---

*mus-Diskussion in der ostdeutschen Nachkriegsgermanistik* (vgl. Wilfried Barner/ Christoph König, Hrsg., *Zeitenwechsel*, Frankfurt/M. 199, S. 301-312) beteiligt.

61 Vgl. Jürgen Fohrmann/Wilhelm Voßkamp (Hrsg.), *Wissenschaftsgeschichte der Germanistik im 19. Jahrhundert*, Stuttgart/Weimar 1994.

62 Vgl. Rainer Rosenberg, *Das klassische Erbe in der Literaturgeschichtsschreibung der DDR*, in: Lothar Ehrlich/Gunther Mai (Hrsg.), *Weimarer Klassik in der Ära Ulbricht*, Köln/Weimar/Wien 2000, S. 185-194; ders., *Die deutsche Literaturwissenschaft in den siebziger Jahren. Ansätze zu einem theoriegeschichtlichen Ost-West-Vergleich*, in: Silvio Vietta/Dirk Kemper (Hrsg.), *Germanistik der 70er Jahre. Zwischen Innovation und Ideologie*, München 2000, S. 83-100; ders., *Der Schreibgestus als Seismograph sich ankündigender Erschütterungen*, in: Wolfgang Adam/Holger Dainat/ Dagmar Ende (Hrsg.), *Weimarer Beiträge – Fachgeschichte aus zeitgenössischer Perspektive*, Frankfurt am Main/Berlin/Bonn u. a., 2009, S. 263-272; ders., *Literaturwissenschaftliche Germanistik in der DDR. Zum intellektuellen Habitus ihrer Vertreter*, in: Brigitte Peters/Erhard Schütz (Hrsg.), *200 Jahre Berliner Universität – 200 Jahre Berliner Germanistik 1810-2010 = Publikationen zur Zeitschrift für Germanistik*, Bd. 23, Bonn/Berlin/Bruxelles u. a. 2011, S. 241-269; ders., ,*Bürgerliche' Professoren – Remigranten – Nachwuchskader. Typische Habitusformen in der DDR-Germanistik der 1950er und 60er Jahre*, in: Jan Cölln/Franz-Josef Holznagel (Hgg.), *Positionen der Germanistik in der DDR. Personen – Forschungsfelder – Organisationsformen*, Berlin/New York 2012, S. 68 – 90.

63 Vgl.u.a. Rainer Kolk, *Berlin oder Leipzig? Eine Studie zur sozialen Organisation der Germanistik im ,Nibelungenstreit'*, Tübingen 1990; Michael Ansel, *G. G. Gervi-*

nistik in der Zeit des Nationalsozialismus[64] und – verstärkt seit den neunziger Jahren – die Literaturwissenschaft in der DDR. Womit sich bei den mit der DDR befassten Arbeiten für R. die eigenartige Situation ergab, dass er sich darin als Forschungsobjekt begegnete.[65]

Bei einer ganzen Reihe dieser damaligen Nachwuchswissenschafter fungierte R. als erster oder zweiter Gutachter im Promotionsverfahren, so bei Petra Boden, Wolfgang Höppner, Marcus Gärtner und Ralf Klausnitzer, um nur die zu nennen, die in der Hochschullehre oder an einem Forschungsinstitut ankamen.[66] Mit Petra Boden, sie hatte sich, von der Humboldt-Universität kommend, um eine Stelle am *Zentralinstitut für Literaturgeschichte* beworben, hat R. noch bis zu seiner Emeritierung zusammengearbeitet. Boden gilt inzwischen selbst als Expertin auf dem Gebiet der (Literatur-) Wissenschaftsgeschichte des zwanzigsten Jahrhunderts.[67] Höppner, der an der Humboldt-Universität geblieben war, ist schon 2008 verstorben. Gärtner, Absolvent der Freien Universität Berlin, ist Programmleiter Belletristik des Rowohlt-Ver-

---

*nus' Geschichte der poetischen National-Literatur der Deutschen*, Frankfurt a.M./Bern/New York u. a. 1990; Michael Schlott, *Hermann Hettner, Idealistisches Bildungsprinzip versus Forschungsimperativ*, Tübingen 1993; ders., *Prutz, Hettner und Haym. Hegelianische Literaturgeschichtsschreibung zwischen spektakulärer Kunstdeutung und philologischer Quellenkritik*, Tübingen 2003;

64 Eine Vorstellung von der Breite des Interesses an diesem Gegenstand vermittelt der von Holger Dainat und Lutz Danneberg herausgegebene, im Wesentlichen auf eine DFG-Konferenz 1996 in Magdeburg zurückgehende Band *Literaturwissenschaft und Nationalsozialismus*, Tübingen 2003.

65 Vgl. z. B. Jens Saadhoff, *Germanistik in der DDR. Literaturwissenschaft zwischen "gesellschaftlichem Auftrag" und disziplinärer Eigenlogik*, Heidelberg 2007.

66 Vgl. Wolfgang Höppner, *Das „Ererbte, Erlebte und Erlernte" im Werk Wilhelm Scherers. Ein Beitrag zur Geschichte der Germanistik*, Köln/Weimar/Wien, 1993; Marcus Gärtner, *Kontinuität und Wandel in der neueren deutschen Literaturwissenschaft nach 1945*, Bielefeld 1997; Ralf Klausnitzer, *Blaue Blume unterm Hakenkreuz. Die Rezeption der deutschen literarischen Romantik im Dritten Reich*, Paderborn/München/Wien/Zürich 1999.

67 Boden wurde mit einer Dissertation über Julius Peterson promoviert und hat 1995 zusammen mit Bernhard Fischer den Band *Der Germanist Julius Petersen (1878 – 1941). Bibliographie, systematisches Nachlaßverzeichnis und Dokumentationen* veröffentlicht. Mit Holger Dainat zusammen firmiert sie als Herausgeberin des R. gewidmeten Bandes *Atta Troll tanzt noch*, Berlin 1997, zusammen mit Rainer Rosenberg bzw. Rainer Rosenberg und Inge Münz-Koenen gab sie zwei Bände zur deutschen Literaturwissenschaft nach 1945 heraus (siehe Anm. 52 und 53).

lags geworden. Klausnitzer, heute als Hochschullehrer für deutsche Literatur an der Humboldt-Universität tätig, hat nach seiner vielbeachteten Dissertation über die Romantik-Rezeption im Dritten Reich vor allem über das Verhältnis von Literatur und Wissenschaft gearbeitet und zusammen mit Carlos Spoerhase einen Band über Kontroversen in der Literaturtheorie vom neunzehnten Jahrhundert bis heute herausgegeben. Darin versammeln die beiden Herausgeber neben ihren eigenen Beiträgen eine Reihe anderer Texte, die insgesamt einen Überblick über Koexistenz und Konkurrenz der die Literaturwissenschaft in dem genannten Zeitraum kennzeichnenden Theorien bieten.[68] Die Namen einiger anderer Doktoranden, deren Dissertation R. ebenfalls angeregt oder begutachtet hat, die nach ihrer Promotion jedoch aus seinem Gesichtskreis verschwunden sind, hat er vergessen.

Nicht vergessen hat R. die Träger-Schülerin Marion Marquardt, die den Kontakt mit ihm suchte, nachdem sie ihre Dilthey-Studien aufgenommen hatte und auf einen Aufsatz R.s zu Dilthey in den *Weimarer Beiträgen* gestoßen war.[69] Resultat ihrer Studien war ein Band mit Aufsätzen von Dilthey zur Philosophie, in dessen umfangreicher Einleitung Marquardt ihre Beschäftigung mit dem Philosophen damit rechtfertigt, dass es heute nicht mehr genüge, „Diltheys Philosophie als Teil der spätbürgerlichen apologetischen Ideologieentwicklung" zu untersuchen und sich dem Diltheyschen Werk nur unter dem Gesichtspunkt der Wirkungsgeschichte zu nähern. Vielmehr habe man den Philosophen „nach seinen historischen Leistungen für den methodologischen Klärungsprozeß vieler Einzelwissenschaften – wie der Ästhetik, der Kunstwissenschaften, der Geschichtswissenschaft oder der Psychologie – und nach Anregungen für die philosophische Diskussion" zu befragen. Und sie setzt hinzu: „In diesem Zusammenhang seien die Arbeiten von Jürgen Kuczynski, der sich mit Diltheys Unterscheidung zwischen Natur- und Geisteswissenschaften befaßt, und von Rainer Rosenberg, der Anregungen zu einer literaturwissenschaftlichen Hermeneutik aufgreift, genannt."[70]

---

68 ⸱Vgl. Ralf Klausnitzer, *Literatur und Wissen. Konzepte – Modelle – Analysen*, Berlin/New York 2008; Ralf Klausnitzer/Carlos Spoerhase (Hrsg.), *Kontroversen in der Literaturtheorie / Literaturtheorie in der Kontroverse*, Bern/Berlin/Bruxelles u. a. 2007.
69 Vgl. Rainer Rosenberg, *Literaturgeschichte und Werkinterpretation*, in: *Weimarer Beiträge*, 26. Jg. 1/1980 (siehe Anm. 29).
70 Vgl. Marion Marquardt, *Einleitung*, in: Wilhelm Dilthey, *Aufsätze zur Philosophie, herausgegeben und eingeleitet von Marion Marquardt*, Hanau 1986, S.27. Als In-

Nicht vergessen hat R. auch Anne Pütz, seinerzeit an der RWTH Aachen Studentin im Hauptfach Komparatistik bei Hugo Dyserinck. Sie war noch zu DDR-Zeiten wohl von ihm auf Artikel aufmerksam gemacht worden, die R. in den *Weimarer Beiträgen* zum Thema Vergleichende Literaturwissenschaft veröffentlicht hatte. Pütz kam nach Berlin, scheute nicht das umständliche Einreiseverfahren in die DDR, weil sie hier neben R. auch noch andere Wissenschaftler konsultieren konnte, die sich mit komparatistischen Fragen beschäftigten. Das Ergebnis war eine Studie zur Komparatistik in der DDR, die 1992 im Peter Lang Verlag herauskam.[71] In dieser Studie erscheinen R. und der damals ebenfalls am *Zentrum für Literaturforschung* tätige Romanist Winfried Schröder als Wissenschaftler, die gegen die in der DDR-Komparatistik noch tonangebenden dogmatischen Positionen ankämpfen und damit gleichzeitig Schwächen der vergleichenden Literaturwissenschaft in der Bundesrepublik namhaft machen.[72] Schon bald nach der Wiedervereinigung arrangierte Pütz, nun verheirate Syndram und wissenschaftliche Mitarbeiterin am Lehr- und Forschungsgebiet Komparatistik der RWTH, ein Zusammentreffen von R. und seiner Frau mit Dyserinck in Aachen, bei dem es natürlich um nichts anderes als die Situation der vergleichenden Literaturwissenschaft an den deutschen Universitäten ging.

---

haber des Copyrights wird im Impressum gleichwohl der Ostberliner Union Verlag angegeben, der im Besitz der Ost-CDU war.
71 Vgl. Anne Pütz, *Literaturwissenschaft zwischen Dogmatismus und Internationalismus. Das Dilemma der Komparatistik in der Geschichte der DDR*, Frankfurt a. M./Berlin/Bern u.a. 1992.
72 Bei Pütz a. a. O. heißt es: „Rosenberg entwickelte seine theoretischen Überlegungen größten Teils anhand von Beispielen aus der deutschen Literaturgeschichte, die er in Bezug zu europäischen Entwicklungen setzte. Im Gegensatz zu der bereits vorgestellten Form der sozialistischen Weltliteraturforschung diente seine Vorgehensweise allerdings nicht der besonderen Hervorhebung deutsch-nationalphilologischer Qualitäten oder Errungenschaften mit Hilfe des internationalen Vergleichs. [...] Die während der siebziger Jahre erfolgte Hinwendung zu einem kommunikationsästhetischen Ansatz der Literaturtheorie, der die zusammenhängende Untersuchung von Produktions-, Distributions- und Rezeptionsfaktoren eines literarischen Phänomens erlaubt, ist zentraler Ausgangspunkt seiner kritischen Überlegungen. [...] An erster Stelle stand die kritische Überprüfung der mittlerweile etablierten Verfahren marxistischer Literaturwissenschaft. Die Aspekte, die Rosenberg dabei monierte, entsprachen weitgehend den Mängeln, die üblicherweise der bürgerlichen Komparatistik von Seiten sozialistischer Vertreter vorgehalten wurden."(S. 105/106 und S. 107/108)

Dass Wissenschaftler aus den westlichen Ländern – wie hier beschrieben – schon seit den siebziger Jahren relativ leicht Zugang zum *Zentralinstitut für Literaturgeschichte* haben konnten, wenn sie zu Gegenständen arbeiteten, zu denen auch hier geforscht wurde, lässt sich daraus erklären, dass Akademie-Institute, jedenfalls geistes- bzw. gesellschaftswissenschaftliche, weniger streng kontrolliert wurden als naturwissenschaftliche oder technologische Einrichtungen. Eine Rolle spielte auch, dass die geisteswissenschaftlichen Akademie-Institute keinen unmittelbaren Kontakt zu den Universitäten hatten, die Ausrichtung der studentischen Jugend auf die Parteilinie der SED mithin nicht ihre vorrangige Aufgabe war. Unter den Direktoraten von Werner Mittenzwei und Manfred Naumann, die sich diesen Zustand zu nutzen trauten, herrschte im Inneren folglich eine freiere Atmosphäre als an den Universitäten, obwohl, wie man heute weiß, das *ZIL* gleichfalls seine ‚inoffiziellen Mitarbeiter' des Sicherheitsapparats hatte. In den achtziger Jahren wurde es sogar möglich, gemeinsame Projekte mit Wissenschaftlern aus der Bundesrepublik zu initiieren, so die erste von Mitarbeitern des *ZIL* unter Leitung von Mittenzwei und Werner Hecht (DDR) sowie Jan Knopf und Klaus-Detlef Müller (BRD) gemeinsam herausgegebene große Brecht-Ausgabe[73] und das von Karlheinz Barck, Martin Fontius und Dieter Schlenstedt (DDR) sowie Burkhart Steinwachs und Friedrich Wolfzettel (BRD) herausgegebene historische Wörterbuch *Ästhetische Grundbegriffe* in sieben Bänden[74], für das R. die Artikel *Literarisch/Literatur* und *Literarischer Stil* beigesteuert hat.

---

73 Vgl. *Bertolt Brecht. Große kommentierte Berliner und Frankfurter Ausgabe in dreißig Bänden und Registerband*, Berlin/Frankfurt a. M. 1989 – 2000.
74 Vgl. *Ästhetische Grundbegriffe. Historisches Wörterbuch in sieben Bänden*, Stuttgart/Weimar 2003 – 2010.

# Was wäre aus ihm geworden, wenn ...

Während R. damit beschäftigt war, die Zeugnisse seiner literaturwissenschaftlichen Arbeit zusammenzutragen, hat er sich mehr als einmal gefragt, was aus ihm geworden wäre, wenn er nicht die Stelle an der Akademie bekommen hätte. Wäre er überhaupt zur Wissenschaft gekommen? Und was wäre aus ihm geworden, wenn er nicht in der DDR geblieben, sondern 1955 seinen Eltern in die Bundesrepublik gefolgt wäre? Aber gibt es jemanden, der, wenn er in die Jahre gekommen ist, sich noch nicht die Frage gestellt hat, welchen – vielleicht ganz anderen – Verlauf sein Leben genommen haben könnte, wenn er in einer bestimmten Situation, in der ihm eine Entscheidung abverlangt wurde, eine andere Wahl getroffen hätte? Ein Gedankenspiel, das eigentlich nur unter der paradoxen Voraussetzung funktionieren kann, dass immer noch *er* die Person sein würde, die, indem sie ein vielleicht ganz anderes Leben geführt hätte, ein anderer geworden wäre – was ginge ihn die Person sonst an? R., der sich auf dieses Gedankenspiel bereits nach dem Mauerbau mehrfach eingelassen hat und den die Lust dazu auch heute noch manchmal überkommt, ist sich schnell darüber klar geworden, dass eine solche Entscheidungssituation für ihn im Grunde nur in der Zeit bis zur Bekanntschaft mit Johanna bestand. Denn seine Bindung an diese Frau, für die, wie schon gesagt, die Flucht in den Westen nicht in Frage kam, weil sie nicht ihre alten Eltern allein in dem Haus in Thüringen zurücklassen wollte, war bald stärker als die Aussicht auf größere Bewegungsfreiheit und ein besseres Leben. Und er geht bei dem Spiel natürlich immer davon aus, dass der andere, der er hätte werden können, sich in allen Lagen würde so verhalten haben, wie er in seinem realen Leben sich verhalten hat, weil er ja seine genetischen Anlagen und anerzogenen Verhaltensweisen in das virtuelle andere Leben mitgenommen hätte.

So ist er also überzeugt davon, dass er in Westdeutschland sein Germanistik-Studium fortgesetzt, wahrscheinlich Geschichte und Philosophie dazu genommen und es in einem dieser Fächer zur Promotion gebracht hätte. Stellt er sich einen jungen Mann vor, der, weil seine Chancen, eine akademische

Laufbahn einzuschlagen, dort größer waren als die seines realen Pendants im Osten, es an der Universität bis zum Privatdozenten bringt und auf dem Weg dahin, über der Verfertigung seiner Habilitationsschrift, ebenfalls seine schriftstellerischen Ambitionen aufgibt. Seine politische DDR-Sozialisation hat ihn jedoch sensibilisiert für den Umgang mit der jüngsten Vergangenheit: Er konstatiert die zögerliche Haltung der alten westdeutschen Professoren in Bezug auf die Beschäftigung mit der Moderne, speziell der Literatur des antifaschistischen Exils, und er sieht sich konfrontiert mit einer Mauer des Schweigens über die Rolle gerade auch der von ihm belegten Fächer in der Zeit des Nationalsozialismus – ein Schweigen, das – was er damals noch gar nicht wusste – seine Ursache nicht zuletzt im persönlichen Verhalten der meisten akademischen Vertreter dieser Fächer in der Zeit hatte. Weil er, im Westen angekommen, keine Veranlassung sieht, seine Meinung für sich zu behalten, und es ihm auch nicht gelingt, für seine Habilitation einen gut vernetzten Ordinarius zu finden, der ihm zu einer Professur an einer Universität in der Bundesrepublik verhelfen könnte, bewirbt er sich – es wäre jetzt Mitte der sechziger Jahre – um eine Stelle in den USA. Erhält er die zunächst wahrscheinlich auch nur an einem College irgendwo im mittleren Westen, wird er, wenn er sich sehr anstrengt, vielleicht am Ende doch auch einer von den zahlreichen amerikanischen Universitätsgermanisten mit westdeutschem *background* geworden sein, wie sie R. später auf internationalen Konferenzen und in den USA selbst kennen gelernt hat. Oder er bleibt im Lande und findet eine Anstellung in einem renommierten belletristischen Buchverlag oder in der Kulturredaktion einer überregionalen Zeitung und macht sich dort einen Namen, der ihm dann nach 1968 möglicherweise doch noch zu einer Professur in der Bundesrepublik verhilft. Er kann natürlich auch bis 1968 als Privatdozent an der Universität geblieben sein. Dann gerät er unweigerlich in den Sog der Studentenbewegung, die ja nicht ohne den sogenannten akademischen Mittelbau zu denken ist. Assistenten und Privatdozenten waren es schließlich, die in den sechziger Jahren neomarxistische, d. h. kapitalismuskritische und zugleich antitotalitaristische, antistalinistische Positionen, wie sie die Vertreter der Frankfurter Schule und eine Reihe zeitgenössischer französischer Philosophen einnahmen, auch in die germanistischen Seminare hineintrugen und so an den westdeutschen Universitäten die Formierung einer Neuen Linken betrieben. Auf deren Seite situiert R. auch sein *alter ego,* wenn er es in seinen Überlegungen im bundesdeutschen akademischen Feld ausharren lässt. In diesem Fall trennt sich sein anderes Ich aber, wie ein großer Teil des ‚Mittelbaus', von den Studenten, sobald unter ihnen Gruppen die Oberhand gewinnen, die die Institution der Universität, in der er aufsteigen will, nicht mehr reformieren, sondern zerschlagen wollen. Und da sein *alter ego* dieselbe DDR-Vergangenheit hat wie R., dem zugemutet wurde, als Resultat der proletarischen Revolution eine Diktatur zu feiern, taugt es ebenso wenig noch zum Revolutionär.

Alles in allem zeigt sich an den Resultaten dieser Gedankenspiele, dass ihn auch seine Phantasie prinzipiell immer in die Richtung lenkt, in die er im realen Leben gegangen ist. Einem Mangel an Vorstellungskraft will R. das nicht zuschreiben, hat die doch immerhin ausgereicht, lebenslang seine Ängste zu nähren. Vielleicht hätte er eben doch nicht von sich ausgehen, nicht die Identität, die er gebildet zu haben glaubt, unwillkürlich auf den vorgestellten Anderen projizieren dürfen? Was wäre herausgekommen, wenn er versuchsweise von den Rollen ausgegangen wäre, die er als Ostflüchtling in der Bundesrepublik und dann als Westdeutscher in den USA zu spielen gehabt hätte? Wenn er nach den unterschiedlichen Identifikationen gefragt hätte, die einzugehen für die reale Person und für deren Phantasie-Existenz möglich oder notwendig war, und er die Frage, wie viel Identität hinter den wechselnden Rollen noch feststellbar sein könnte, erst danach gestellt hätte. In jedem Fall bleibt das Manko, dass kein Mensch imstande ist, zu erfassen, was alles zusammenkommen musste, damit sein Leben diesen und keinen anderen Verlauf genommen hat.

In R.s wirklichem Leben waren es nun die schon erwähnten disziplingeschichtlichen Studien, denen der größte Teil seiner Publikationen gewidmet ist und im Zusammenhang mit denen künftige Wissenschaftshistoriker oder Literaturwissenschaftler möglicherweise noch auf seinen Namen stoßen werden. Mit seinem Habitus-Essay[75] sollte dieses Kapitel jedoch für ihn abgeschlossen sein, nachdem er eingesehen hat, dass sein ursprünglicher Plan, seine Geschichtserzählung auf andere Philologien oder die Geisteswissenschaften insgesamt auszuweiten, von ihm nicht mehr zu verwirklichen sein wird. Natürlich arbeitet er weiter. Und er wird seine Art, die Dinge anzuschauen, wohl auch nicht mehr von Grund auf ändern. Doch achtet er darauf, sich nicht von den aktuellen Wissenschaftsprozessen abzukoppeln, die Ent-

---

75 Siehe Anm. 54.

wicklung auf seinen Gebieten im Auge zu behalten, die neuen Theorie- und Verfahrensangebote – wie er das in der Vergangenheit auch schon getan hat – danach zu befragen, welche neue Perspektive sie eröffnen und welchen Nutzen es der Wissenschaft bringen kann, die Materie aus dieser Perspektive zu betrachten. Wenn er das eine oder andere postmoderne Konzept dennoch als für ihn unbrauchbar befunden hat, so erklärt sich das aus der Absolutsetzung seiner grundlegenden Axiome. Im Dekonstruktivismus z. B. des Axioms der Primordialität der *écriture* und des Axioms der *différance* – von ihm aufgefasst als Axiom der prinzipiellen Unmöglichkeit der Verallgemeinerung und des Verstehens. R. hat seinen Standpunkt in einem Diskussionsbeitrag zu dem Kolloquium *Philologie – Kulturwissenschaft – Wissen(schaft)sforschung*, das 2003 am Zentrum für Literatur- und Kulturforschung in Berlin stattfand, näher erläutert. Er rückt den Text dieses bisher ungedruckten Beitrags ungeachtet der Tatsache hier ein, dass der Derrida-Boom auch damals schon im Abklingen war und die Literaturwissenschaft inzwischen zwei bis drei weitere Paradigmenwechsel hinter sich gebracht hat:

# Philologie – Kulturwissenschaft – Wissen(schaft)sforschung

„Zu klären wäre erst einmal, mit welchem Begriff von Philologie man in die Diskussion geht. Bringt man den Philologie-Begriff August Boeckhs wieder ins Spiel, der hinsichtlich des ihm subsumierten Objektbereichs selbst schon als Vorgriff auf das gesehen werden kann, was heute als ‚Kulturwissenschaft' firmiert? Oder schränke ich ihn – um auf die ‚klassische' Philologie-Debatte zurückzukommen, in deren Bahnen mir die Diskussion der Frage immer noch zu verlaufen scheint – im Sinne Gottfried Hermanns[76] auf die Wissenschaft von der Bereitstellung und Erschließung von Schrift-Texten ein? In dieser Diskussion um die Bedeutung der Philologie für die Kulturwissenschaft kann es meines Erachtens nur noch um die Philologie als Text-Wissenschaft gehen, da ja das seinerzeit zweifellos avanciertere Boeckhsche Programm durch die seit der zweiten Hälfte des 19. Jahrhunderts praktizierte Kulturgeschichte und -soziologie, auf die sich die heutige Kulturwissenschaft vielfach beruft, weitgehend erfüllt wurde. Und es geht um die Kulturwissenschaft im Singular, als welche die Literaturwissenschaften seit den späten achtziger Jahren des 20. Jahrhunderts zunehmend betrieben werden und wie sie sich an einigen deutschen Universitäten inzwischen als selbständige Disziplin etabliert hat. (Dass der Plural immer häufiger als Bezeichnung für die bisher so genannten Geisteswissenschaften verwendet wird, unabhängig von der jeweiligen Orientierung ihrer Forschung, hat gute Gründe, muss aber hier nicht erörtert werden.)

Was die Philologie angeht, spreche ich ausdrücklich von Schrift-Texten, weil es innerhalb der Kulturwissenschaft bekanntlich auch eine Tendenz gibt, den Text-Begriff auf nicht-literale (und nicht-verbale) Zeichenfolgen auszudehnen – eine ganze Kultur als Text zu ‚lesen'.[77] Ein solcher auf alle in einer Kultur verfügbaren Zeichensysteme expandierender semiotischer Text-Begriff mag sich als ein brauchbares Forschungsdispositiv erweisen – oder auch nicht. Er führt jedenfalls zu der Frage nach dem Verhältnis von Philologie und

---

76 Vgl. Gottfried Hermann, *Ueber Herrn Professor Böckhs Behandlung der Griechischen Inschriften*, Leipzig 1826.
77 Vgl. Doris Bachmann-Medick [Hrsg.], *Kultur als Text*, Frankfurt/M. 1996.

Semiotik oder – auf unseren Diskussionszusammenhang direkt bezogen – zu der Frage, auf was für eine Philologie die Kulturwissenschaft bzw. eine kulturwissenschaftlich orientierte Literaturwissenschaft reflektiert.

Unstrittig dürfte hier, selbst für eine Forschung, zu deren Materialgrundlage Literatur nur noch unter anderem gehört, die Schlüsselrolle von Schrift-Texten sein und damit auch die besondere Bedeutung der an solchen entwickelten Text-Philologie. Einen der Hauptstreitpunkte bildet nun aber deren hermeneutische Komponente bzw. die Frage nach dem Verhältnis von Philologie und Interpretation. Interpretation nicht als spontane, erfahrungsgeleitete Deutung unserer Wahrnehmungen, an deren (Über-) Lebensnotwendigkeit wohl niemand zweifelt, sondern als zielgerichtete, unterschiedlichen Gesichtspunkten folgende ‚Auslegung' eines prinzipiell vorausgesetzten und als erschließbar angenommenen Bedeutungsgehalts, als Prozess und als Resultat des ‚Sinn'-Verstehens von Texten.

Während viele praktizierende Kulturwissenschaftler mehr oder weniger unreflektiert interpretieren, einige sich ausdrücklich auch zur Anwendung hermeneutischer Verfahren bekennen, wird von anderen eine nicht-hermeneutische Philologie gefordert. Die Forderung geht zum Teil wohl auf einen noch aus der Hoch–Zeit der Ideologiekritik herrührenden antihermeneutischen Affekt zurück, der auf der Annahme des grundsätzlich affirmativen und autoritären Charakters von Interpretationen basiert und durch den – als radikalisierte Ideologiekritik (miss)verstandenen – Poststrukturalismus neue Nahrung erhielt. Dem Interpreten wird generell die Voraussetzung textueller Eindeutigkeit und das Festhalten an dem Ideal der objektiven Rekonstruktion eines vom Autor gegebenen Textsinns unterstellt. Insofern als diese Unterstellung heute nur noch selten trifft, brauchen wir uns dabei nicht länger aufzuhalten. Die meisten Philologen sind sich heute über den subjektiven und hypothetischen Charakter des Interpretierens im klaren, wissen, dass es die eine ‚richtige' und vollständige Interpretation nicht geben kann, Interpretationen folglich auch keine Beweiskraft erlangen können, sondern angewiesen bleiben auf intersubjektive konsensuelle Akzeptanz. Dass sie hypothetisch bleiben – Hypothesen von beschränkter und befristeter Validität insofern als sie immer durch andere Interpretationen modifiziert oder entkräftet werden können.

Die Sache ist, denke ich, damit jedoch nicht abgetan. Auch wenn mir die Forderung nach einer nicht interpretierenden Philologie als leichtsinnig erscheint, weil ich die Interpretation (im Sinne der Textauslegung) nichtsdestoweniger für einen unverzichtbaren Bestandteil des Vorgangs aller Kulturwissenschaft(en) halte, bleibt die Frage, ob das hermeneutische Verfahrensangebot der Philologie ausreicht? Keine Kulturwissenschaft kommt aus, ohne zu interpretieren. Ein großer Teil der Wissensbestände, auf denen die Kulturwissenschaften aufbauen, sind interpretativ gewonnen und folglich in der oben angedeuteten Weise ‚problematisch'. Doch das Interpretieren stößt an Grenzen. Semiotik und Diskursanalyse zum Beispiel können die Interpretation nicht ersetzen, aber einen Erkenntnisgewinn erbringen, der diese Grenzen übersteigt. Braucht die Kulturwissenschaft also vielleicht statt einer nicht-hermeneutischen Philologie eine Philologie, die von hermeneutischen auf semiotische und diskursanalytische Verfahren ‚umzuschalten' imstande ist?

Gedacht ist aber wohl eher an eine dekonstruktivistische Philologie, die mit Derrida jede Verstehensmöglichkeit als fiktiv ausschließt und die Interpretation prinzipiell negiert. Welchen Nutzen könnte sie der Kulturwissenschaft erbringen? Ich spreche – es sei hier noch einmal gesagt – von ihrem Nutzen für den kulturwissenschaftlichen Umgang mit Schrift-Texten. (Die Übertragung dekonstruktiver Verfahren auf die Beschreibung nicht-verbaler Kulturtechniken ist nicht mein Thema.) Textimmanent operierende Literaturwissenschaftler mögen ja von der lebensweltlichen Referenz literarischer Texte absehen und, als Derrida-Jünger strenger Observanz, in ihrem Umgang mit den Texten jede Bedeutungszuschreibung ‚aufschieben'. Das stört niemanden mehr. Für die Kulturwissenschaft verlören die Texte in solcher Handhabe jedoch einen großen Teil ihres Quellenwerts. Der bestünde dann nur noch in den mitgeteilten historischen Tatsachen, die man mit Nietzsche[78] aber auch schon als Interpretationen ansehen kann. Wer ‚Dekonstruktion' sagt und eigentlich immer noch Ideologiekritik meint, müsste sich vorhalten lassen,

---

78 Vgl. Friedrich Nietzsche, *Nachgelassene Fragmente Ende 1886 – Frühjahr 1887,* in: Ders., *Sämtliche Werke,* hrsg. Von Giorgio Colli und Mazzino Montinari, Kritische Studienausgabe, Bd. 12, S. 315: „Gegen den Positivismus, welcher bei dem Phänomen stehen bleibt ‚es gibt nur Thatsachen', würde ich sagen: nein, gerade Thatsachen giebt es nicht, nur Interpretationen. Wir können kein Factum ‚an sich' feststellen: vielleicht ist es ein Unsinn, so etwas zu wollen. ‚Es ist alles subjektiv' sagt ihr: aber schon das ist Auslegung, das ‚Subjekt' ist nichts Gegebenes, sondern etwas Hinzu-Erdichtetes, Dahinter-Gestecktes."

dass auch die ideologiekritische Analyse eines Textes eine Bedeutungszuschreibung voraussetzt.

Nun kann man für den Dekonstruktivismus in Anspruch nehmen, dass er allein schon mit seinem Rekurs auf die Materialität der Zeichen die Selbstsicherheit der traditionellen Philologie erschüttert und das Problembewusstsein der Philologen geschärft hat. Und man kann Derridas eigene Texte einer ‚rhetorischen' Wissenschaftskultur zurechnen und diejenigen seiner Anhänger und Kritiker für einfältig halten, die den Autor ‚beim Wort' nehmen. Damit komme ich zum dritten der dem Kolloquium vorgegebenen Diskussionsschwerpunkte: zur Bedeutung der Philologie für die Wissenschaftsforschung. Für mich stellt sich hier die Frage, welche Anforderungen eine Wissenschaftsforschung, die mit Texten wie denen Derridas zu tun hat, an die Philologie stellt.

Ich habe noch in den neunziger Jahren des vergangenen Jahrhunderts selbst erlebt, wie dekonstruktivistisch und/oder diskursanalytisch arbeitende Kulturwissenschaftler bei der gemeinsamen seminaristischen Derrida- oder Foucault-Lektüre immer wieder gefragt haben, wie Derrida hier zu verstehen sei oder Foucault das dort gemeint habe. Es wurde interpretiert. Und zwar mit dem Ziel der ‚Vereindeutigung' der Bedeutung, der Komplexitätsreduktion des Signifikats im Sinne der ‚alten' Hermeneutik, wie sie den Umgang mit wissenschaftlichen oder philosophischen Texten im Allgemeinen nach wie vor bestimmt. (An dieser Praxis ändert sich nichts, wenn sie nicht mehr beim Namen der Interpretation, sondern eben ‚Lektüre' genannt wird.) Es hatte also den Anschein, dass man das traditionelle philologische Verfahren zumindest benötigte, um sich der epistemologischen Grundlagen und theoretischen Leitlinien der von den genannten Autoren angebotenen alternativen – dekonstruktivistischen bzw. diskursanalytischen – Praxis zu versichern. Das wäre niemandem als Inkonsequenz anzukreiden, der die alternativen Praktiken der Lektüre ‚literarischer' Texte vorbehielte und diesen die Schriften der genannten Autoren als ‚wissenschaftliche' bzw. philosophische Texte entgegensetzte – schließlich bestehen auch Interpretationstheoretiker auf einer unterschiedlichen Behandlung der beiden ‚Textsorten'.[79] Aber eben diese Entgegensetzung wird vom Poststrukturalismus bekanntlich verworfen, der

---

79 Vgl. Gottfried Gabriel, *Zur Interpretation literarischer und philosophischer Texte*, in: L. Danneberg/F. Vollhardt (Hrsg.), *Vom Umgang mit Literatur und Literaturgeschichte*, Stuttgart 1992, S. 239-249.

prinzipiell keinen ‚ontologischen Sonderstatus' der künstlerischen Literatur mehr anerkennt. Entscheidend in unserem Zusammenhang ist aber nicht der Widerspruch, den man darin sehen kann, dass die Kunstliteratur dann doch wieder als ‚Gegendiskurs' wie bei Foucault[80] oder als ‚besondere semiotische Praxis' wie bei Kristeva[81] aus dem ‚Diskurs' herausgehoben wird oder wie bei Derrida oder de Man einfach das Vorzugsobjekt der dekonstruktivistischen Praxis darstellt, sondern die Tatsache, dass die meisten poststrukturalistischen Autoren die Opposition nicht nur theoretisch negieren, sondern in ihren Texten auch praktisch unterlaufen. Dass sie, wie Derrida von seinen eigenen Texten meinte, „weder in ein ‚philosophisches' noch in ein ‚literarisches' Raster gehören".[82] Und dass das interpretative Verfahren, das wir bei der Lektüre wissenschaftlicher Texte anzuwenden gewohnt sind, hier nicht weit führt oder von vornherein zum Scheitern verurteilt ist.

Das ist nun aber gar kein neues Phänomen. Schon ein großer Teil der Texte, in denen die moderne Kulturphilosophie und -kritik sich konstituiert hat, sprengt die Raster. Es sind – denkt man an Simmel, Kracauer oder Benjamin, um nur einige Namen zu nennen – ‚essayistische', d.h. expositorische und doch zugleich, mit Adorno zu sprechen, ‚kunstähnliche' Texte, die „die Gedanken anders als nach der diskursiven Logik" entwickeln[83]; die eine konsiderative, experimentelle Gedankenbewegung vollführen, die nicht zum Abschluss kommt und in der ein Bild sich einstellt, wo der Begriff noch fehlt, oder eine Metapher eingesetzt wird, um die begriffliche Festlegung zu umgehen und die aufgeworfene Frage weiterem Nachdenken offen zu halten. Solche Texte haben in der Soziologie, in den Literatur- und Kunstwissenschaften längst ihren festen Platz, da sie oft erstmals Sachverhalte zur Sprache brachten, die diese Disziplinen noch nicht ‚auf den Begriff bringen' konnten, oder durch metaphorische Neubeschreibungen neue Sichtweisen auf bekannte Sachverhalte eröffneten. Die Wissenschaft hat gelernt, mit solchen Texten umzugehen, obwohl sie sich – auch darin der Kunst ähnlich – gegen ihre ‚Vereindeutigung' sperren, ihre adäquate und vollständige ‚Übersetzung' in

---

80 Vgl. Michel Foucault, *Die Ordnung der Dinge*, Frankfurt/M. 1974, S. 76.
81 Vgl. Julia Kristeva, *Semiologie – kritische Wissenschaft und/oder Wissenschaftskritik*, in: Peter V. Zima (Hrsg.), *Textsemiotik als Ideologiekritik*, Frankfurt/M. 1977, S. 50f.
82 Jacques Derrida, *Positionen*, Graz/Wien 1986, S. 138.
83 Theodor W. Adorno, *Noten zur Literatur*, Frankfurt/M. 1981, S. 26 und 31.

eine begriffslogische Wissenschaftssprache nicht mehr gelingt. Der Umgang mit einigen poststrukturalistischen Texten, nehmen wir etwa Derridas *Dissémination*, bereitet all denen, die nicht den Standpunkt ihres Verfassers einnehmen, offensichtlich größere Schwierigkeiten. Die Frage ist nur: Brauchen wir für die Lektüre dieser Texte eine andere Philologie – eine Philologie des ‚nicht-ratioiden‘, des bildhaften oder ‚wilden‘ Denkens? Kämen wir weiter, wenn wir an solche Texte dekonstruktivistisch herangingen und mit *La dissémination* nach dem Beispiel verführen, das uns Derrida darin selbst mit seiner Lektüre von Philippe Sollers' *Nombres* gegeben hat?"

# Literatur und andere Interessen

R.s Interesse an den Gegenständen des Schulunterrichts konzentrierte sich frühzeitig auf Sprachen, Literatur, Geschichte und Geographie. Sein Vater sprach Tschechisch so gut wie Deutsch, und die anderen Lieblingsfächer seines Sohnes waren auch die einzigen, von denen er aus seiner Gymnasialzeit so viel behalten hatte, dass er mit R. darüber reden konnte. Weil der 1945, als in der Nachbarschaft immer mehr tschechische Kinder auftauchten, den Wunsch hatte, Tschechisch zu lernen, gab ihm der Vater, der das nicht wollte, stattdessen, ohne ein Buch zur Hand zu haben, Lateinunterricht. Nicht dass R. dann auf der Oberschule von Mathematik und Naturwissenschaften nichts hätte wissen wollen – das Abitur hat er immerhin mit der Gesamtnote ‚Sehr gut' bestanden –, aber seine Neugier etwa auf die neuesten Forschungsergebnisse der Ägyptologie oder die Formenlehre des Altgriechischen verglichen mit der lateinischen war schon immer größer als sein Interesse etwa an der Konstruktion des Otto-Motors oder der chemischen Zusammensetzung von dessen Treibstoff. Und weil einer das, was ihn weniger interessiert, auch zuerst wieder vergisst, hat R. zwar im Erwachsenenalter noch Auto fahren gelernt, aber, was er über die Funktionsweise einer solchen Maschine lernen musste, gar nicht mehr behalten wollen. In Bezug auf den Computer, mit dem er, solange er nicht auf den falschen Knopf drückt, bei der Suche im Internet und dem Schreiben seiner Texte recht gut zurechtkommt, befindet er sich in der glücklichen Lage, dass er ihn nie hat verstehen müssen, sondern immer von Neuem als Wunder der Technik bestaunen kann.

War R.s spezielles Interesse also von Anbeginn auf wenige Wissensgebiete konzentriert, so war es doch relativ breit gestreut. Eine ungezügelte Neugier auf alles, was innerhalb der Grenzen dieser Gebiete lag, war nach seiner heutigen Einschätzung die Triebfeder für seinen Lerneifer, dem eine wohl überdurchschnittliche – ihm längst verlorengegangene – Merkfähigkeit für Wörter und Zahlen, geschichtliche und geographische Daten entgegenkam. Sie führte letzten Endes dazu, dass er sich nicht mehr die Zeit nahm, den Sachen auf den Grund zu gehen, sondern an dem Punkt, an dem dies geboten gewesen wäre, schon zu einem anderen Gegenstand übergegangen war. Da hatte er es im Französischen noch nicht sehr weit gebracht, als ihm Vladimiro Macchis Lehrbuch *Modernes Italienisch* in die Hände fiel. Und als er kurz danach in einem Antiquariat *El comerciante,* ein *Spanisches Lehrbuch für Kaufleute* von 1937 entdeckte, begann er auch noch Spanisch zu lernen. Ein Resultat dieser Studien war immerhin, dass er, wie schon gesagt, bereits auf der Oberschule russische, englische und französische Literatur in der Originalsprache lesen und – unter Zuhilfenahme des Wörterbuches – auch italienische Texte ins Deutsche übersetzen konnte. Mit der jeweiligen Umgangssprache war er damals allerdings so wenig vertraut, dass er Schwierigkeiten gehabt hätte, sich in einer Cafeteria ein Glas Wasser zu bestellen. In seiner Neugier sieht R. aber auch den Grund für die Ausbildung eines eher rezeptiven, beobachtenden Verhaltens zur Welt, das aufzubrechen, um das angesammelte Wissen produktiv zu verarbeiten, er erst später als viele andere gelernt hat. Die bleibende Erfahrung, dass das Produzieren von Texten, und sei es auch nur von Texten einer an einen kleinen Leserkreis adressierten ‚Sekundärliteratur', wenn sie denn gedruckt sind, dem Schreiber größere Befriedigung bringen kann als das Lesen – diese Erfahrung hat er dementsprechend auch erst später gemacht.

Lesen und Schreiben. Geschrieben hat er über Heine und Büchner und andere Schriftsteller des deutschen Vormärz. Hätte er aber darüber Rechenschaft ablegen sollen, zu welchen Autoren R. in späteren Jahren immer wieder zurückgekehrt ist, wären ihm, neben den ersten beiden, hauptsächlich die Namen von Schriftstellern der ersten Hälfte des zwanzigsten Jahrhunderts eingefallen. Als da wären, die deutschsprachige Lyrik vom jungen Hofmannsthal bis zu Brecht und Benn eingerechnet, Marcel Proust mit *A la recherche du temps perdu,* James Joyce mit dem *Ulysses,* Alfred Döblin mit *Berlin Alexanderplatz,* Robert Musil mit dem *Mann ohne Eigenschaften,* und, für R. selbstverständlich, der ganze Kafka – Namen, die an anderer Stelle schon gefallen sind. Aber auch Karl Kraus mit den *Letzten Tagen der Menschheit,* Thomas Mann mit dem *Tod in Venedig,* dem *Zauberberg* und dem *Doktor Faustus,* A.P. Tschechow und Ödön von Horváth mit ihren Theaterstücken oder Italo Svevo mit *Senilità* und Joseph Roth mit *Radetzkymarsch* und dem *Falschen Gewicht.* Dazu käme noch einiges andere, das über die Zeit hinausreicht, wie z. B. Isaac Babel mit *Konarmija* (deutsch: *Budjonnys Reiterarmee*) oder Bruno Schulz mit den *Zimtläden.* Doch die genannten Namen und Titel lassen bereits die Konturen des Literaturbezirks erkennen, den R. immer wieder aufsucht. Natürlich fragt er sich heute manchmal, warum er nie über diese Literatur geschrieben hat. Es kann nicht allein daran gelegen haben, dass ihm in seinen Arbeitsverhältnissen sich jeweils andere Aufgaben stellten, aus deren Erfüllung sich dann wieder andere Projekte ergaben. Vielleicht lag es daran, dass er zu dieser Literatur nicht die Distanz gefunden hat, die er gebraucht hätte, um sie zum Objekt seiner literarhistorischen Studien zu machen.

Rein rezeptiv geblieben ist R.s Verhältnis zur Musik, zum Theater und zur bildenden Kunst. Zur Musik kam er mit zwölf oder dreizehn Jahren, als seine Mutter darauf bestand, dass er Geige spielen lernte, und auch einen Musiker aus dem Stadttheater-Orchester fand, der bereit war, R. Stunden zu geben: Einmal in der Woche, die Stunde fünf Mark, was für R.s Eltern damals viel Geld war. Woher die Mutter das Instrument hatte, weiß er nicht mehr, er erinnert sich nur noch daran, dass es auf dem Resonanzboden ein Loch hatte, das mit einem Heftpflaster zugeklebt war. Weil dieser Musiker, offensichtlich ein Alkoholiker, sich als sehr unzuverlässig erwies und immer öfter nicht anzutreffen war, wenn R. zu der angesagten Zeit an seiner Tür klingelte, schickte seine Mutter ihn nach einem halben Jahr zu dem in der Stadt hochangesehenen Konzertmeister Bleiss. Der unterrichtete Jungen probeweise und, wenn er sie als begabt erkannte, auch weiterhin unentgeltlich. Obwohl R. die ihm aufgegebenen Etüden fleißig übte, meldete der Konzertmeister sich schon nach wenigen Monaten bei R.s Mutter zu Besuch an, um ihr zu erklären, dass ihr Sohn, der das mit anhören durfte, für eine musikalische Ausbildung völlig unbegabt sei. Er sollte sich doch lieber auf die wissenschaftlichen Fächer konzentrieren. Und R.s Mutter, die darauf gewartet hatte, dass er die Schlagermelodien intonieren lernt, die sie aus dem Radio kannte, war damit auch zufrieden, weil ihr die Stücke aus Otakar Ševčíks Violinschule, an denen er sich stattdessen abmühte, längst auf die Nerven gingen. Nicht ahnen konnte sie, dass R., eben zu der Zeit, da ihm der Versuch, sich auf musischem Gebiet zu bewähren, die erste größere Niederlage seines Lebens eingetragen hatte, anfing, an der von seinen Eltern verabscheuten ‚schweren' Musik Gefallen zu finden. Schuld daran war weniger besagter Ševčík, als vielmehr ein Klassenkamerad, mit dem er sich angefreundet hatte.[84] Der Vater dieses Kassenka-

---

84 Dieter Franke (1934 -1982), der die Oberschule nach der zehnten Klasse verließ und zunächst als Statist am Greizer Theater auftrat, absolvierte später die Staatliche Schauspielschule in (Ost-)Berlin und erhielt danach ein erstes Engagement am

meraden war der Bühnenbildner des Stadttheaters, in dessen Obergeschoss, direkt über dem Zuschauerraum, die Familie auch wohnte. Der Freund, der Zugang zu allen Veranstaltungen in dem Haus hatte, nahm R. mit zu allen Schauspiel- und Musiktheater-Inszenierungen, die der ehrgeizige Intendant unter den Beschränkungen, die ihm die kleine Bühne und das schmale Budget auferlegten, realisieren konnte.[85] So sah R. nicht nur einen großen Teil des klassischen Schauspielrepertoires zum ersten Mal auf dem Theater, sondern lernte er auch die Opernliteratur von Mozart über Verdi und Puccini bis zu Richard Strauss, soweit sie dem vorhandenen Sängerpotential zumutbar und mit dem nur mittelgroßen Orchester spielbar war, überhaupt erst kennen. Da dieses Orchester im Theater regelmäßig aber auch Sinfoniekonzerte gab, in der Stadt überdies sich ein Streichquartett gebildet hatte und noch zwei oder drei andere Klassenkameraden aus bildungsbürgerlichen Familien da waren, die diese Veranstaltungen, für die Schüler nur wenig zu zahlen brauchten, ebenfalls besuchen wollten, schloss R. sich ihnen an. So fand er noch während seiner Schulzeit auch einen Zugang zur Musik.

Dabei war er doch, wie schon der Konzertmeister Bleiss festgestellt hatte, ein völlig unmusikalischer Mensch gewesen, außerstande, auch nur ein aus mehr als vier Tönen bestehendes Thema im Gedächtnis zu behalten. Irgendwann, nach einem dieser Konzerte, bemerkte er aber, dass diese andere Welt, die Welt der Musik, sich ihm aufgetan hatte und mit jedem neuen Stück, das er hörte, größer und weiter wurde. So kam es schließlich, dass er für Schönbergs *Moses und Aron* oder Bergs *Lulu* sich genauso begeistern konnte wie für Bachs *Kunst der Fuge* oder Händels *Messias* und für alles von Janáček, Bartók oder Stravinsky genauso wie für Meyerbeers *Hugenotten* und *Die Afrikanerin* oder Wagners *Tristan* und den *Ring des Nibelungen*, um nur ein paar Beispiele zu nennen. Zu seinem individuellen Kanon rechnet er natür-

---

Städtischen Theater in Chemnitz (damals Karl-Marx-Stadt). Seit 1964 gehörte er zum Ensemble des Deutschen Theaters Berlin, wo er u. a. den Mephisto in Goethes *Faust*, den Kurfürst in Kleists *Prinz Friedrich von Homburg* und den Dorfrichter Adam in dessen *Zerbrochnem Krug* verkörperte. Durch die Hauptrollen in mehreren Kino- und Fernsehfilmen (u. a. *Kleiner Mann – was nun?*,1967; *Jeder stirbt für sich allein*,1970; *Der nackte Mann auf dem Sportplatz*,1974; *Levins Mühle*, 1980) wurde er zu einem der bekanntesten Schauspieler der DDR.

85 Ernst Otto Tickart, dem es sogar gelang, die Erstaufführung von Brechts Antigone-Bearbeitung in einem der beiden deutschen Staaten am Greizer Theater herauszubringen. Die Antigone spielte natürlich Olly Dille, die Ehefrau des Intendanten.

lich auch komplett die Wiener Klassik, die großen Sinfonien von Bruckner, Mahler und Schostakowitsch, Mussorgskijs *Boris Godunow*, den späten Verdi vom *Don Carlo* bis zum *Falstaff*, aber auch Offenbach, Gershwin oder Leonard Bernsteins *West Side Story* und manches andere. Und aus diesem breiten Spektrum, das er gewissermaßen als seine Errungenschaft betrachtet hat, auch als seinen in Form von Schallplatten, CDs und DVDs materialisierten Besitz, schafft er sich, nach Wunsch, Hörerlebnisse, die ihn beglücken. Und das obwohl er beim Hören oft spürt, dass er die Musik nicht voll erfasst, die Faktur der Komposition sich ihm als Laien nicht erschließt, und es ihn dann eben auch wieder betrübt, zu erfahren, wie viel mehr als er andere aus dem einen oder anderen Musikstück heraushören.

Während R. in den letzten Jahren noch so oft wie möglich die Konzerte der Berliner Philharmoniker, der Staatskapelle und anderer Berliner Symphonie-Orchester besucht hat, verhält er sich dem Theater gegenüber seit längerem eher reserviert. Das betrifft auch die Oper, seitdem das sogenannte Regietheater sich ihrer ebenfalls angenommen hat. Die Handlung von Wagners *Tannhäuser* in eine Biogasanlage zu verlegen oder die Rolle des Othello in Shakespeares gleichnamigem Drama mit einer Frau zu besetzen – es gibt sicher Theatergänger, Theaterkritiker allemal, die darin mehr sehen zu können glauben als einen Gag des Regisseurs. R. sieht böswillig die meisten dieser Sorte von Regisseuren jedoch geleitet von der eitlen Absicht, zu zeigen, dass sie mit den Stücken machen können, was ihnen beliebt. Und dass Kritiker wie Publikum, ob ihnen das Resultat gefallen hat oder nicht, hauptsächlich von ihnen schreiben oder reden werden und nicht von den Autoren, die sich in der Regel nicht mehr wehren können. Es hat allerdings den Anschein, dass diese Art des Umgangs mit den alten Stücken allmählich an Attraktion verliert, das Publikum sich ihm verweigert, und die Theater schon aus finanziellen Gründen anderen Regisseuren den Vorzug geben oder auf seinerzeit erfolgreiche alte Inszenierungen zurückgreifen, die dann auch die Säle wieder füllen.[86]

---

86 So z. B. die Berliner Deutsche Oper mit der Wiederaufnahme von Mozarts *Hochzeit des Figaro*, Wagners *Ring des Nibelungen* und Richard Strauss' *Rosenkavalier* in den Inszenierungen ihres einstigen Intendanten Götz Friedrich († 2000). Die Vorstellungen waren meist ausverkauft. – Zu den größten Publikumserfolgen des Deutschen Theaters Berlin zählten in den letzten Jahren Jürgen Goschs (1943 – 2009) Inszenierungen von Edward Albees *Wer hat Angst vor Virginia Woolf* (2004) und von Anton Tschechows *Onkel Wanja* und *Die Möwe* (beide 2008).

# Reisen

Zu R.s Interesse an Wissenschaft und Kunst kam sein Wunsch, die Welt zu sehen. So weit seine Erinnerung reicht, verspürte er immer einen unheimlichen Drang, fremde Gegenden zu erkunden – einen Drang in die Ferne. Dabei waren in der Kriegs- und Nachkriegszeit, in der er aufwuchs, die Reisemöglichkeiten sehr eingeschränkt und die Reiseanlässe zumeist unerfreulich, wenn nicht bedrückend. Immerhin war er noch 1943, als Siebenjähriger, zusammen mit anderen Braunauer Kindern zur Erholung auf die Ostsee-Insel Usedom geschickt worden, und er hat diese seine erste Reise ohne die Eltern als ein großes Abenteuer im Gedächtnis behalten. Eingeprägt hat sich ihm der erste Eindruck von Berlin: Die Kinder kamen auf dem Görlitzer Bahnhof an und wurden von ihren Begleitern zu Fuß durch die ganze Mitte der Stadt zum Stettiner Bahnhof geführt, von dem der Zug in Richtung Bansin abfahren sollte. Da sah R. zum ersten Mal den Krieg: In Berlin die rauchgeschwärzten Ruinen der großen, hohlfenstrigen oder in sich zusammengestürzten Häuser, in Bansin dann in der Nacht die Lichtblitze am Himmel, die von den Boden-Luftgefechten der deutschen Flugabwehrkanonen mit den feindlichen Bombern herrührten. Die zielten auf die Kriegsschiffe im nahen Hafen von Swinemünde. Drei Jahre später, im Sommer 1946, der Transport der Familie zusammen mit Hunderten anderer Sudetendeutscher in Viehwaggons aus dem Sammellager Halbstadt (Meziměstí) nach Ostthüringen – man denkt, die anderthalbtägige Reise müsste ihn noch tiefer beeindruckt haben. Dass das auch so war, schließt er aber nur aus dem peinlichen Gefühl, das ihn bei dem Gedanken an diese Reise überkommt, während er sich an den im Waggon aufgestellten Wassereimer, den nach Aussagen seiner Eltern alle Insassen – Frauen, Männer, Kinder – als Abort benutzen mussten, ebenso wenig erinnern kann wie an irgendeine andere konkrete Einzelheit der Reise.

A propos: die Fremde. Das war für R. auch sein Geburtsort, als er ihn fast sechzig Jahre nach dem ,Heim-ins-Reich'-Transport zum ersten Mal wiedersah. Abgesehen davon, dass dort jetzt nur noch tschechisch gesprochen wurde, hatte er sich kaum verändert. Das meiste sah noch aus, wie es in seiner Erinnerung war: eine ärmliche, von dem barocken Benediktinerkloster beherrschte böhmische Kleinstadt in einer schönen Mittelgebirgslandschaft. Aber die ersten zehn Jahre seines Lebens, die er dort zubrachte, hatten offenbar nicht gereicht, um ein Heimatgefühl für diesen Ort aufkommen zu lassen. Und alle anderen Orte zwischen Braunau und Berlin, in denen er sich hernach aufgehalten hat, waren dazu noch weniger geeignet. Als dazu ungeeignet erwies sich schließlich auch Berlin selbst, wo er mit seiner Frau nun seit mehr als fünfzig Jahren lebt. Heimat im sentimentalen Sinne kann einem hier niemals die ganze Stadt, sondern allenfalls ein Stadtbezirk – ein „Kiez", wie es hier heißt, sein, wenn man dort geboren ist und entweder noch den alten Berliner Dialekt oder Türkisch spricht. R. würde nie für sich in Anspruch nehmen, ein Berliner zu sein, wird er doch, sobald er den Mund aufmacht, immer noch gefragt, woher er kommt. Er fühlt sich wohl in Berlin, und das ist möglich, ohne dass man hier als Einheimischer anerkannt wird. Von Berlin aus hat er den größten Teil seiner Reisen unternommen und nach Berlin ist er, jedenfalls nach der Wiedervereinigung der beiden Stadthälften, immer gern zurückgekehrt. Aber er hätte bestimmt auch in Wien, Paris, London oder New York sich eingelebt, wenn er, statt in Berlin, in einer dieser Städte dafür bezahlt worden wäre, das zu tun, wozu er Lust hatte. Heimat muss nicht sein. Oder besser gesagt: kann für ihn überall sein, wo großstädtisches Leben, Urbanität, Internationalität, Kultur, Freiheit ist und eine ihm verständliche Sprache gesprochen wird. Also das Gegenteil von dörflicher Enge, Einschränkung und Uniformität.

In der DDR gab es Kultur in der Einschränkung. Und viele Bewohner dieses verschwundenen Staates müssen diese Enge und Einschränkung als etwas empfunden haben, das wie das Leben in der Dorfgemeinschaft ihnen auch ein Gefühl der Sicherheit gab. Ein Gefühl, dass ihnen nichts passieren könne, solange sie sich an die in der Gemeinschaft gültigen Verhaltensregeln hielten. Eben ein auf die DDR bezogenes Heimatgefühl, dem ein gemeinsamer Glaube an den Sieg des Sozialismus zugrunde lag. R. denkt an ehemalige Kollegen und andere Menschen aus seinem Bekanntenkreis, die den Untergang der DDR nach eigenem Bekunden als Heimatverlust erlebt haben. Für ihn war es der Zeitpunkt in seinem Leben, von dem an er selbst bestimmen konnte, was er von dieser Welt noch sehen sollte. Dabei schätzt er die Eindrücke und Erfahrungen, die er vor 1989 auf Privatreisen in östlicher Richtung gesammelt hat, keinesfalls gering ein. Solche Reisen ins nahe ‚sozialistische Ausland', für die man nur ein Ausreisevisum aus der DDR benötigte, waren seit den 1960er Jahren möglich, und diese Möglichkeit wurde nach dem Mauerbau von den Ostdeutschen, auch um dort Verwandte und Bekannte aus dem Westen zu treffen, gern wahrgenommen. Reisen in die Sowjetunion gab es nur über das staatliche Tourismusbüro und in der Regel auch nur als von einem ‚Reiseleiter' geführte Gruppenreisen. Für R. und seine Frau waren das seinerzeit aber auch die einzigen Auslandsreisen, die sie gemeinsam unternehmen konnten: Reisen in die Tschechoslowakei, nach Ungarn, Moskau, Kiew, in das damalige Leningrad und die altrussischen Städte Wladimir, Susdal und Sergiew Posad (damals noch Sagorsk). Schließlich auch in den Kaukasus, die damaligen transkaukasischen und zentralasiatischen Sowjetrepubliken und nach Irkutsk und zum Baikalsee. Auf diesen Reisen sah er zum ersten Mal Hochgebirge, Sandwüsten, frei wachsende Palmen und Moscheen.

Überhaupt war es einmal das Extreme und Erhabene in der Natur, waren es Hochgebirge, Vulkane, Wüsten, Meere, wie er sie als Kind auf Bildern gesehen hatte, die ihn auch im Erwachsenenalter, als er sie wirklich sah, noch faszinierten. In dem Raum, wo eine erhabene Natur den Schauplatz der Kulturen bildet, aus denen die unsrige hervorgegangen ist, aber dann eben auch in der von Menschenhand kultivierten, nach menschlichem Maß gestalteten Landschaft der Toscana – südlich der Alpen, im Mittelmeerraum also, lagen R.s eigentliche Sehnsuchtsorte. Dennoch führten die ersten Reisen, die er mit Johanna nach 1989 unternommen hat, nach Wien, Paris, London und noch einmal in die USA: nach New York, Washington und Chicago. Danach ging es fast jedes Jahr einmal in R.s besagten Sehnsuchtsraum: nach Griechenland, Südfrankreich, Spanien, Ägypten, Israel, Jordanien, Syrien, in den Libanon und die Türkei und immer wieder nach Italien. Eigentliches Reiseziel in Ägypten und den Ländern Vorderasiens waren natürlich die Zeugnisse der antiken Hochkulturen. Die unvermeidliche Berührung mit der lebendigen Gegenwart dieser Länder weiß er zwar als nützliche, von keinen Medienberichten leistbare Horizonterweiterung zu schätzen, allein ihretwegen wäre er aber, Israel ausgenommen, nicht dorthin gefahren. Bei allem, was ihm zum Beispiel in den syrischen Städten im Spätherbst 2010 nicht verborgen bleiben konnte – etwa die geschätzt bis zu zehn Meter hohen an den Häuserwänden hängenden Brustbilder des Diktators Assad, oder was ihm in Damaskus die deutsche Frau, die mit einem Syrer verheiratet gewesen war, von der Brutalität des Assad-Regimes erzählte: R. erlebte Damaskus, Aleppo, Hama, Latakia als lebendige Großstädte mit vollen Geschäften, florierenden Restaurants und fröhlichen jungen Leuten und sah nirgends Anzeichen von Protest oder Auflehnung. Nicht im Traum hätte er daran gedacht, dass es für ihn schon wenige Monate später unmöglich sein würde, dieses Land zu bereisen. Er könnte sich damit trösten, dass auch ausgewiesene Nordafrika- und Nahostexperten unter den politischen Beobachtern den Ausbruch der arabischen Revolutionen nicht vorausgesehen haben. Aber er nimmt seine Ahnungslosigkeit auch wieder als ärgerliches Zeugnis einer Geschichts- und Kulturgeschichtsfixierung, die ihm als typisch für eine bestimmte Sorte von älteren Geisteswissenschaftlern erscheint. Und dabei ist er doch froh, Palmyra noch gesehen zu haben, denn wer weiß, wann Ausländer dorthin werden wieder fahren können und was dann noch zu sehen sein wird.

Bei Altersgenossen, die früher schon viel gereist sind, fällt ihm auf, dass es sie jetzt, da es aufs Ende zugeht, kaum noch an ihrem ständigen Wohnsitz hält, sie fast nur noch unterwegs sind. Auf das Ehepaar R. trifft das nicht zu. Abgesehen davon, dass es seine finanzielle Lage nicht zuließe und dass sie beide das Aus-dem-Koffer-leben immer nur eine gewisse Zeit ertragen, empfindet R. dann auch die Konzentration auf die Aufnahme neuer Eindrücke, die Einstellung auf ein rein rezeptives Verhalten als Einschränkung. Dagegen kann es sein, dass sich ihm, zurückgekehrt an den heimischen Computer, schon bei der Niederschrift des ersten belanglosen Satzes ein Gefühl von Produktivität einstellt. R. hat sogar die Erfahrung gemacht, dass die ermunternde Wirkung dieses Gefühls noch anhalten kann, nachdem er es längst als eine Täuschung erkannt hat. Ein Ausweg aus dem Dilemma hat sich mit den jährlichen längeren Aufenthalten im Tessin und in Südtirol eröffnet. Nach Orselina oberhalb von Locarno und nach Schenna oberhalb von Meran fahren Johanna und er in ihrem Toyota, den Kofferraum vollgepackt mit allem, was man braucht, um in der geräumigen Ferienwohnung bzw. dem Balkonzimmer in dem kleinen Familienhotel auch arbeiten zu können. Man befindet sich südlich der Alpen, schaut weit hinein nach Italien, findet da wie dort immer noch einen Winkel, in dem man auch nach zwanzig Jahren regelmäßiger Wiederkehr noch nicht gewesen ist, und schafft es im Auto an einem Tag nach Mailand bzw. Verona und zurück. Heimatgefühle können hier dennoch nicht aufkommen, man kennt ja von den Einheimischen nur die Hausverwalterin bzw. die Hoteleigentümer, bleibt ein Fremder, auch als gern gesehener zahlender Gast. Aber es entsteht eine gewisse Vertrautheit mit dem Ort und der Landschaft. Im

Übrigen: R. brauchte sich hier nur an den Computer zu setzen, um weiterzuschreiben, was er in Berlin angefangen hat. Wie oft er es dann wirklich tut, ist eine andere Frage.

# Alterserfahrungen

Als R. Anfang 2010 diesen Versuch einer Selbstanalyse begann, hatte er sich noch voll bei Kräften, noch nicht wirklich alt gefühlt. Und das obwohl schon lange vorher bei ihm ein Lungenemphysem diagnostiziert worden war, das die Ärzte auf seinen jahrzehntelangen Nikotin-Abusus zurückführten. Das Rauchen hatte er sich aber längst abgewöhnt, ebenso wie den Genuss hochprozentiger alkoholischer Getränke, die er durch einen mäßigen Rotweinkonsum ersetzte. Doch schon im Jahr darauf, bei der ersten Bergwanderung im Tessin schnell in Atemnot geratend und ermüdend, spürte er, dass seine Körperkräfte nachgelassen hatten. Hinzu kam die quälende Erfahrung zunehmender Vergesslichkeit.

Solange er sich noch rundum wohlfühlte, war R. der Meinung gewesen, dass mit dem Eintreten der Altersgebrechen die Aussicht auf ein in absehbarer Zeit zu erwartendes Lebensende leichter zu ertragen wäre. Nun weiß er, dass er mit dem hier beschriebenen Zustand die letzte noch bewusst erlebte Stufe geistigen und körperlichen Verfalls, auf der man das Interesse am Leben verliert, noch nicht erreicht hat. Noch immer treibt ihn die Neugier, wie die Geschichte, deren Zeuge er die letzten fünfundsiebzig Jahre gewesen ist, weitergeht. Möchte er noch sehen, wie in der Stadt, in der er den größten Teil dieses Dreivierteljahrhunderts gelebt hat, die letzten Brachen, die ihr Krieg und Nachkrieg geschlagen haben, verschwinden und eine neue Urbanität entsteht. Möchte er erleben, wie in anderen Weltgegenden dieses und jenes Menschen mordende Regime zusammenbricht. Dabei ist ihm doch der dem Marxismus inhärente Geschichtsoptimismus, der Glaube an eine zukünftig bessere Welt schon früher verloren gegangen, als dass dieser Verlust sich hier unter den Alterserfahrungen subsumieren ließe. Höchstens von einer weiteren Verfinsterung seines Weltbilds kann die Rede sein, von einem Weltbild, in dem die menschliche Natur sich in Jahrtausenden nicht verändert hat und alle Züchtungsversuche eines ‚neuen' Menschen, dem Gewinnsucht und Machtstreben fremd sind, bisher scheiterten. In dem es auf dem Feld der Politik tatsächlich zugeht, wie ‚der kleine Fritz' sich die Geschichte vorstellt, und R.

nur eben das Glück hatte, den größten Teil seines Lebens in einer Zwischenzeit und Zwischenzone verbringen zu können, in der es keinen ‚heißen' Krieg gab. Sollte er nicht froh sein, dass, was kommt, *seine* Zukunft nicht mehr sein wird? Auf diesem Standpunkt muss man politische, soziale, ökologische Fortschritte da oder dort nicht leugnen, zweifelt man aber an dem letztendlichen Sieg der Vernunft. Nicht nur dass die Vernunft bislang nicht imstande war, sich gegen den von ökonomischen Interessen diktierten Raubbau an der Natur durchzusetzen. Weiß man doch, dass auf dem heutigen Entwicklungsstand der Waffentechnik auch das bloße Versehen oder die Kurzschlusshandlung eines Einzelnen an den Schalthebeln der Macht eine globale Reaktionsspirale in Gang setzen könnte, gegen die die Vernunft nichts mehr ausrichtet. Sie kann selbst in ‚aufgeklärten' Gesellschaften unterliegen, indem in den Köpfen von Demagogen ausgebrütete fixe Ideen, die ansteckender sind als ein Grippevirus, die Gehirne infizieren und eine Massenpsychose erzeugen, in der die Menschen sehenden Auges sich ins Verderben stürzen. Der Eigennutz, die Technik und der Massenwahn als Möglichkeiten der Selbstvernichtung der Gattung Mensch.

Die Rede war von R.s Neugier auf die Zukunft, genauer gesagt: auf den Fortgang der Geschichte angesichts der globalen Veränderungen, die seit den neunziger Jahren des vorigen Jahrhunderts mit der Auflösung der Sowjetunion, der Ausdehnung des US-dominierten westlichen Bündnisses bis an die russische Grenze und dem Aufstieg Chinas und anderer sogenannter Schwellenländer im internationalen Kräfteverhältnis eingetreten waren. Veränderungen, in deren Folge R. auch die gegenwärtigen Verwerfungen in dem nun ebenfalls globalisierten kapitalistischen Wirtschafts- und Finanzsystem sieht. Zwar hatte das Ende des ‚Kalten Krieges', die deutsche Wiedervereinigung und der Aufbruch zur Demokratisierung in den von sowjetischer Vorherrschaft befreiten Ländern Mittel- und Osteuropas auch bei ihm den Anschein einer Aufhellung des Horizonts hervorgerufen und eine Art von ‚Entspannung' bewirkt. Im Zusammenhang gesehen mit der Entkolonialisierung der damals sogenannten Dritten Welt konnte man den Eindruck gewinnen, in den letzten Jahrzehnten des alten Jahrhunderts noch Zeuge des Anbruchs eines neuen Zeitalters zu werden, dessen erste Erscheinungen durchaus Anlass zur Hoffnung gaben. Die Hoffnung ist allerdings durch Militärputsche oder Bürgerkriege in den Drittweltländern und die Kriege zwischen diesen Ländern, an deren Ende fast immer wieder ein despotisches Regime stand, schon bald geschmälert worden. Einen schärferen Vorgeschmack davon, worauf sich die alte Welt, zu der sich nun auch die USA zählen konnten, einzurichten haben würde, gaben die islamistischen Attacken auf deren Zentren seit der Zerstörung der Twintowers in New York – Attacken, die sich inzwischen zu einem an vielen Fronten geführten asymmetrischen Krieg verdichtet haben. Neue Hoffnung keimte noch einmal auf mit dem ‚arabischen Frühling'. Doch schon bald wurde klar, dass auch dieser Aufbruch keineswegs zur Demokratie führte, die stärkeren Bataillone vielmehr für eine islamistische Diktatur kämpfen, in der statt der Erklärung der Menschenrechte eine Auslegung der Scharia gelten soll, die sich nicht nur gegen die europäische Zivilisation richtet, sondern auch die Zeugnisse der eigenen antiken Hochkulturen zerstört.

Zwischenzeit und Zwischenzone. R. weiß natürlich, dass er die Skepsis im Hinblick auf die Zukunft nicht für sich allein hat, sondern mit vielen seiner Altersgenossen teilt. Gleiches gilt für die Sicht auf das gelebte Leben, die, wenn es nicht ganz und gar schiefgegangen ist, im Alter sich bei vielen etwas aufzuhellen pflegt. Das heißt nicht, dass R. die Zwänge und Einschränkungen, die das DDR-Regime seinen Bürgern auferlegte, die Verzichte, die es ihnen abverlangte, heute in wärmerem Licht erschienen. Was ihm an Lebensmöglichkeiten während dieser Zeit versperrt blieb, ist ihm vielmehr erst im Nachhinein voll bewusst geworden. Aber es war eben kein Krieg, in dem sich alles Persönliche und Private auf das bloße Überleben richtet, sondern ein Zustand, der einem wie ihm – um den Preis des Kompromisses freilich – in seiner Arbeit eine Art von ‚Selbstverwirklichung' ermöglichte. Er hat, wie die meisten DDR-Bürger, in bescheidenen Verhältnissen gelebt. Doch er kann sagen, von dem Tag seiner Arbeitsaufnahme an der DDR-Wissenschaftsakademie an bis zu seinem Ausscheiden aus dem *Zentrum für Literaturforschung* mit dem Erreichen der Altersgrenze für das bezahlt worden zu sein, was die meisten Menschen nur in ihrer Freizeit tun dürfen. Die Euphorie, dass R. das Ende der bleiernen Zeit noch erlebt hat, ihm quasi noch ein anderes Leben geschenkt worden war, ist zwar durch den Fortgang der Geschichte auch wieder gedämpft worden, erfüllt ihn dessen ungeachtet aber immer noch mit Genugtuung. In diese mischt sich allerdings sogleich das Bedauern, dass ältere Freunde und Kollegen wie Mazzino Montinari oder Wolfgang Heise[87], denen

---

87  Montinari s. S. 45-46; Wolfgang Heise (1925 – 1987) war Professor für Philosophie an der Berliner Humboldt-Universität. Zu seinen Schülern gehörten Wolf Biermann und Wolfgang Thierse. Heises Stellungnahme bei der institutsinternen Verteidigung

R. das Erlebnis dieser Wende der Geschichte auch gewünscht hätte, noch in der Dämmerung sterben mussten. Hinzu kommen die in immer kürzeren Zeitabständen folgenden Todesanzeigen der seiner Generation angehörigen Fachkollegen, von den jüngeren, die auch schon nicht mehr da sind, ganz zu schweigen.[88] – Aber warum schreibt er das? Es ist der Lauf der Welt, und alle, die nicht jung gestorben sind, machen diese Erfahrung. Aber wer sie macht, wenn er selber nicht mehr ganz gesund ist, wird es schwerer haben, den Gedanken, dass auch seine Stunde bald gekommen sein könnte, noch zu verdrängen.

Zu R.s Alterserfahrungen gehört schließlich auch das Altern in einer Ehe, in der zwei gegensätzliche Charaktere aufeinandertrafen: R., der es immer eilig hatte, weil es ihm nie schnell genug ging, alles zu wissen, was ihn interessierte, und deshalb manches nur oberflächlich erfasste, dabei aber in seinen Sachen pedantisch Ordnung hielt. Und Johanna, die alles so genau nahm, dass sie für ihre Arbeit stets mehr Zeit brauchte als gedacht, dabei alles in Unordnung brachte und manchmal auch gar nicht fertig wurde, weil sie immer fürchtete, es nicht gut genug zu machen. Was aber fertig wurde, war gut. Von ihren Anlagen her unterschied sie sich von R. auch durch die künstlerischen Begabungen, die R. fehlten. Sie hatte schon früh begonnen, Gedichte zu schreiben, und sie zeichnete. Die Porträts, die sie in langweiligen Universitätsvorlesungen von Kommilitonen und Dozenten anfertigte, waren bei den Porträtierten sehr begehrt. Während die Angebote der Germanistik R.s weit gespanntes Interesse an Literatur und Geisteswissenschaften jedoch nicht befriedigten, führten die Anforderungen des Studiums bei seiner Frau dazu, dass ihr für das Dichten und das Zeichnen immer weniger Zeit blieb und sie es letzten Endes aufgab. Dass sie beide dasselbe Fach studierten und dann auch in diesem Fach arbeiteten, hatte in ihrem Fall aber wohl auch eine die Charakterunterschiede ausgleichende Wirkung: Sie hatten einander immer etwas zu sagen, befanden sich in einem ständigen Gedankenaustausch. Probleme ergaben sich in den ersten Jahren ihres Zusammenlebens vornehmlich daraus, dass die Frau das wenige Geld, das sie verdienten, für notwendige

---

von R.s *Zehn Kapiteln zur Geschichte der Germanistik* gab den Ausschlag, dass das Manuskript an den Akademie-Verlag übergeben werden konnte.

88 Unter den jüngeren war es vor allem Georg Bollenbeck (1947 – 2010), der ihm nahestand und dessen früher Tod, von dem er erst Monate später erfuhr, ihm immer noch nicht aus dem Sinn geht.

Anschaffungen im Haushalt sparen wollte, während er es damals noch für selbstverständlich hielt, dass Johanna, wenn das Geld dann für keine Urlaubsreise mehr reichte, zu ihrer in Berlin ansässigen Tante Mia ging, um Geld zu borgen. Mittlerweile hat man sich aber aufeinander eingestellt, die Erfahrung gemacht, dass man auch in schwierigen Situationen sich auf den Partner verlassen kann, und so ist in langen Jahren gegenseitiger Zuwendung ein Zusammengehörigkeitsgefühl entstanden, das beiden Kraft gegeben hat. R. meint heute, dass hier zwei Menschen aneinander festgehalten haben, um einander zu stützen, und dass jedenfalls er diese Stütze brauchte, um sich nach außen hin als der Mann zu zeigen, als der er immer erscheinen wollte.

# Probleme, die ihn immer noch beschäftigen

R.s Unbehagen an einigen der von ihm als verabsolutierend angesehenen Wissenschaftsparadigmen mag auch daher rühren, dass er selbst in seinen Texten heute dazu neigt, einmal getroffene Verallgemeinerungen zu relativieren, statt alle Fakten zu marginalisieren, die ihnen entgegenstehen. Diese Einstellung hat allerdings dazu geführt, dass einige Kritiker seiner neueren Arbeiten offenbar meinen, bei ihm eine gewisse Unentschiedenheit feststellen zu müssen. Bei genauerem Hinsehen ist jedoch leicht zu erkennen, dass die Kritikpunkte in der Regel eben Sachverhalte betreffen, in Bezug auf die seine Kritiker kein differenziertes Urteil mehr akzeptieren.[89] Und dass er in diesen Texten, ebenso wie er allen Absolutsetzungen misstraut, auch kein *anything goes* gelten lässt. Den postmodernen Absolutisten hat er vielleicht unrecht getan mit seiner, wenngleich nur in der Frageform ausgesprochenen, Vermutung, sie dächten, wenn sie vom Ich- und Subjektzerfall sprechen, immer nur an die anderen: die Intellektuellen, die von diesem Zerfall noch nichts wissen, und vor allem natürlich an die große Masse, für die das allgemein gilt. Spricht doch einiges für die Annahme, dass sie von sich ausgegangen sind, sich selbst nicht mehr als ‚Ich', als ‚Subjekt', sondern nur noch als Rollenspieler ver-

---

89 So etwa in einer Rezension seines Germanisten-Essays (s. Anm. 54). Darin heißt es: „Die ‚totalitären' Regimes des 20. Jahrhunderts haben – mal mehr, mal weniger gewollt – der Wissenschaft doch auch ein gewisses Maß an Eigenleben belassen. Erst der Markt des frühen 21. Jahrhunderts vernichtet wirklich totalitär die Wissenschaft, indem er methodisch die Anpassung an das jeweils neueste Neue erzwingt, indem er jeden einzelnen Wissenschaftler zum Verkäufer seiner selbst erniedrigt. Rosenberg ist gegenüber solchen Zuständen merkwürdig unentschieden. Er deutet ihren Zwangscharakter an, er sieht sie aber auch als Befreiung von früheren Zwängen. Damit entgeht ihm eine heute zentrale Fragestellung. Der Habitus des Germanisten im internationalen Markttotalitarismus hat wenig mehr mit den politischen Scheuklappen und dem wissenschaftlichen Ethos seiner Vorgänger zu tun. Bei individuellem Wissenszuwachs, bei allen nun glücklicherweise etablierten zivilen Umgangsformen geht es am Ende doch nur um Verkäuflichkeit bei Drittmittelgebern, als dem wirksamsten Zwang." – Vgl. Kai Köhler, *Wissenschaft zwischen Eigenlogik und Zwang. Rainer Rosenberg skizziert eine Fachgeschichte der Germanistik*, in: C. H. Beck, Literaturforum.Literaturkritik.de, Nr. 5 Mai 2010.

stehen wollten. Die Vermutung kam bei ihm auf, weil er von Propagandisten des Subjekt-Zerfalls, die er kannte, durchaus den Eindruck gewonnen hatte, es mit Ich-starken selbstbewussten Persönlichkeiten, keineswegs mit bloßen Rollenspielern zu tun zu haben.

Welchem Thema er sich in seiner nächsten Arbeit zuwenden wird, kann er jetzt noch nicht sagen. Benannt werden sollen jedoch zwei Problemkreise, über die schon viele nachgedacht haben und auf die auch er immer wieder zurückkommt. Zum einen ist es das Verhältnis der deutschen Intellektuellen, insbesondere der Vertreter seines Fachs zu den jeweils dominanten politischen Ideologien, und zum anderen handelt es sich dabei um die Perspektiven der Literaturwissenschaft im gegenwärtigen interdisziplinären Wissenschaftsprozess. Motivierend in Bezug auf den ersten Problemkreis wirkte auch bei ihm das Bewusstsein, in dem Land aufgewachsen zu sein, in dem Auschwitz möglich war.[90] Doch brachte es seine wissenschaftliche Sozialisation in der

---

90  Dass alle Erklärungen der Historiker, Soziologen und Sozialpsychologen, wie es in Deutschland in der Mitte des 20. Jahrhunderts zu ‚Auschwitz' kommen konnte, die Frage nach dem Warum nicht ‚erledigen' können, thematisiert Jürgen Habermas in seiner Laudatio für Jan Philipp Reemtsma: „[...] Es muss aber von dem einen Motiv die Rede sein, welches das Denken und Schreiben von Jan Philipp Reemtsma nicht loslässt und das noch in den thematisch weit entfernten Texten feine Spuren hinterlässt. Das Motiv ist die Verstörung von uns Nachkommen, die wir in dem Land, in der Kultur, der Gesellschaft und den Familienzusammenhängen aufgewachsen sind, worin Auschwitz, worin die Ermordung der europäischen Juden möglich war. Jan Philipp Reemtsma kommt immer wieder auf die naive Frage zurück, die sich vor aller Theorie und Wissenschaft, vor allem Streit um die Intentionen der Führung und die Eigendynamik gesellschaftlicher Prozesse den Nachkommen auf eine peinigende Weise stellt: auf die Frage, wie das ganz normale Leben hatte weitergehen können, während ganz normale Männer und Frauen ‚das' hatten tun können." Habermas zitiert Reemtsma: „Dass das Nachkriegsdeutschland auf einem Schindanger errichtet worden ist und dass die Mehrheit der Schinder auf ihm in Pension gegangen ist, ist eine Tatsache, die emotionell niemals ganz begriffen werden kann." Und: „Wie konnte das alles geschehen? Ich denke, dass man diese Frage inzwischen ganz gut beantworten kann, aber man gleichzeitig zeigen kann, wie wenig [...] damit gewonnen ist, dass man es kann." Weiter Habermas: „Wenn sich aber diese Motive wegen der abgründigen Irrationalität der Gewaltausübung dem gewöhnlichen Kanon der Alltagspsychologie entziehen, müssen sie so dargestellt werden, dass die Irritation des Lesers nicht verschwindet. In einem solchen Fall kann nämlich der distanzierende Effekt der Geschichtsforschung ungewollt dazu beitragen, in den plausibel erklärten Handlungszusammenhängen den gleichwohl vorhandenen Spielraum des Neinsagen-Könnens zu nivellieren. Das Problem, das sich daraus für die Geschichtsschreibung

DDR – er möchte sagen: zwangsläufig – mit sich, die Fragestellung im oben angegebenen Sinn zu verallgemeinern. Dabei konzentriert sich sein Interesse jetzt vor allem auf die Frage, wie sich bei Angehörigen dieser gesellschaftlichen Gruppe nach 1933 und nach 1945 der Ideologiewechsel vollzog.[91] Darüber, dass dieser Wechsel umso leichter vonstatten ging, je mehr strukturelle Ähnlichkeiten zwischen den Ideologien bestanden, hat er bereits in seinem Germanisten-Essay geschrieben[92], und sicher haben das andere schon vor ihm festgestellt. Weiß man doch längst von den vielen mit der Nazi-Ideologie indoktrinierten Angehörigen der HJ- oder Flakhelfer-Generation, die, sofern sie sich bei Kriegsende im künftigen sowjetischen Machtbereich befanden, binnen kürzester Zeit zu leidenschaftlichen Verfechtern der neuen Lehre mutierten, die für sie untrennbar mit dem Namen Stalins verbunden war. Die zum Führerkult pervertierte marxistische Ideologie wurde offenbar umso leichter als Ersatz für das nationalsozialistische Glaubensbekenntnis angenommen, als dieses ja ebenfalls auf eine Führerpersönlichkeit ausgerichtet war. Und selbst das Kernstück der Nazi-Ideologie, der Antisemitismus, konnte über die ihnen geläufige Verbindung von Judentum und Kapital als latenter Vorbehalt gegen alles Jüdische in das neue, klassenkämpferische Weltbild übernommen werden.[93] Andererseits hat man auch gesehen, wie schnell in den Westzonen

---

ergibt, war schon während des Historikerstreites das Thema eines Briefwechsels zwischen Martin Broszat und Saul Friedländer. Mit seinen beiden Wehrmachtsausstellungen hat Jan Philipp Reemtsma der deutschen Öffentlichkeit das Geschehen an der Ostfront aus genau der Perspektive vorgeführt, aus der Saul Friedländer dann seine Geschichte des Holocaust geschrieben hat – nämlich so, ‚dass verständlich ist, wie es dazu hat kommen können, [...] aber gleichzeitig so, dass sichtbar bleibt, dass die Ereignisse Taten gewesen sind, die hätten unterbleiben können.'" Vgl. Jürgen Habermas, *Der Raum zwischen Nein und Ja*. In: *Der Tagesspiegel* Nr.20798 vom 14. November 2010, S. 25/26.

91 Zum Verhältnis von Literatur und Politik in Ostdeutschland 1945 – 2000 vgl. Werner Mittenzwei, *Die Intellektuellen*, Leipzig 2001.
92 Vgl. Rainer Rosenberg, *Die deutschen Germanisten* (s. Anm. 54), S. 151f.
93 In der von einem Historiker-Kollektiv im Auftrag des Zentralkomitees der SED verfassten offiziellen Karl-Marx-Biographie wurde an keiner Stelle erwähnt, dass Marx jüdischer Abstammung war. Vgl. Heinrich Gembkow u. a., *Karl Marx – eine Biographie*, (Ost-)Berlin 1968. Auch bei in der DDR aktiven Politikern blieb eine jüdische Herkunft in der Regel unerwähnt. Schließlich standen in den Gedenkveranstaltungen für die Opfer der nationalsozialistischen Konzentrationslager immer die antifaschistischen Widerstandskämpfer im Mittelpunkt; die große Masse der ‚rassisch Verfolgten', die in den Lagern ermordet wurden, blieb im Hintergrund.

Wissenschaftler, die noch in den letzten Kriegsjahren als engagierte Nationalsozialisten hervorgetreten waren, sich auf die ihnen von den westlichen Siegermächten aufgedrängte parlamentarisch-demokratische Ordnung einzustellen vermochten. Wobei diese Ordnung allerdings für mehr als einen zunächst lediglich die Spielregeln hergab, an die er sich in der neuen Situation zu halten hatte, während in seinen aus jener Zeit überlieferten Selbstzeugnissen seine unverändert autoritäre Gesinnung zum Ausdruck kommt. Aber inwieweit haben die Verhaltensweisen der Intellektuellen sich überhaupt von denen anderer gesellschaftlicher Gruppen unterschieden? Konnte man nicht wenigstens von Geisteswissenschaftlern erwarten, dass sie die an sie herangetragenen Weltanschauungsangebote kritisch hinterfragen?

Nun weiß man allerdings seit langem, dass mit einem Intellektuellen-Begriff, der die Gesamtheit der wissenschaftlich Gebildeten bzw. wissenschaftlich, künstlerisch oder journalistisch Tätigen umfasst, nicht viel anzufangen ist. Dass man zu unterscheiden hat zwischen der sozialen Gruppe, die R. hier hauptsächlich im Blickfeld hat: Germanisten und anderen Geisteswissenschaftlern also, die als Staatsbeamte oder Angestellte in einem Abhängigkeitsverhältnis stehen, und der sogenannten freischaffenden oder frei schwebenden Intelligenzija, auf die ein Teil der Kulturhistoriker und Soziologen ohnehin den Intellektuellen-Begriff einschränken möchte. Für eine Universitätskarriere, d, h. die Übernahme in den Staatdienst und den Aufstieg auf der akademischen Stufenleiter, war die Anerkennung der bestehenden Gesellschaftsordnung von Anfang an die Grundvoraussetzung. Im deutschen Kaiserreich wie in der Habsburger Monarchie genügte das jedoch noch nicht, sondern war zudem ein christliches Glaubensbekenntnis notwendig. Daher ist es nicht verwunderlich, dass der Nachwuchs sich vornehmlich aus Anwärtern rekrutierte, die diese Anforderungen erfüllten, und Andersdenkende, die kritischen – oder wenn man so will – ‚eigentlichen' Intellektuellen, fast ausschließlich in den freien Berufen, in den Verlagen, im Journalismus und an den Theatern anzutreffen waren. Ein Zustand, der, was die Germanistik anbelangt, weitgehend auch noch für die Weimarer Republik galt, während im Nationalsozialismus und in der DDR vom Nachwuchs ein direktes politisches Engagement im Sinne des Regimes gefordert wurde und kritische Intellektuelle im ersten Fall überhaupt nicht mehr, im zweiten Fall nur sehr eingeschränkt zu Wort kamen. Selbstverständlich kann man die kritische Einmischung in die öffentlichen Angelegenheiten, die aktive Auseinandersetzung mit der je aktuellen sozialen, politischen und kulturellen Situation als *conditio sine qua non* für die Zubilligung des Intellektuellenstatus nehmen. Dann hätte es in den beiden deutschen Diktaturen auch in den freien Berufen kaum Intellektuelle gegeben. R. neigt eher dazu, diesen Status allen akademisch oder autodidaktisch Gebildeten zuzusprechen, deren geistiger Horizont über die Grenzen des eigenen Fachs hinausreicht und die sich also über die Welt, in der sie leben, ihre eigenen Gedanken machen. Dann wird man sagen können, dass es auch unter Germanisten und anderen Geisteswissenschaftlern Intellektuelle gab. Noch nicht gesagt wäre damit allerdings, was für viele gleichermaßen zur Definition des Intellektuellen, des kritischen Intellektuellen zumal, gehört: dass dessen Urteile, die den Menschen Orientierung geben sollen, in einem den Gesetzen rationalen Denkens folgenden Meinungsbildungsprozess zustande kommen. Nachzuweisen, dass das keineswegs immer der Fall gewesen ist, Intellektuellen vielmehr immer auch eine wichtige Rolle bei Utopie- und Ideologiebildungen zukam, die irrationale Elemente enthalten, war gerade in den letzten drei Jahrzehnten, nach der Auflösung des ‚sozialistischen Lagers' und dem Zusammenbruch der Sowjetunion, ein zentrales Anliegen einer ganzen Reihe von Historikern, Sozialwissenschaftlern und Politologen.[94] Waren es in der Geschichte doch oft gerade diese irrationalen Elemente, kraft deren die Ideologien eine Massenwirkung erlangten, die in einen Massenwahn umschlagen konnte.

Was in den neueren Arbeiten aus R.s Sicht dabei mitunter zu kurz kommt, ist der Umstand, dass jedenfalls die linken Intellektuellen sich ihres Abweichens von der Rationalität meist gar nicht bewusst waren, der anhaltende Erfolg ihrer marxistisch-leninistischen Indoktrination seines Erachtens vielmehr wesentlich daher rührt, dass die neue Lehre von ihnen als ‚wissenschaftliche Weltanschauung' internalisiert wurde. Weil der Marxschen Gesellschaftstheorie umfangreiche sozialgeschichtliche Studien und exakte Analysen der damaligen Ökonomie des Kapitalismus zugrunde liegen, konnte Marx' und Engels' Prognose einer proletarischen Weltrevolution und – in deren Ergeb-

---

94 Vgl. Eric Hobsbawm, *Age of Extremes. The Short Twentieth Century 1914 – 1991*, London 1994, deutsch: *Das Zeitalter der Extreme. Weltgeschichte des 20. Jahrhunderts*, München 1995, 11. Aufl. 2012; Ralf Dahrendorf, *Versuchungen der Unfreiheit. Die Intellektuellen in Zeiten der Prüfung*, München 2006, und Michail Ryklin, *Kommunismus als Religion. Die Intellektuellen und die Oktoberrevolution*, Frankfurt a. M./Leipzig 2008.

nis – des Entstehens einer von Ausbeutung und Entfremdung befreiten klassenlosen Gesellschaft, leicht als schlüssiges Resultat ihrer wissenschaftlichen Arbeit gelesen werden. Das spekulative Moment in dieser nach dem Bewegungsmuster des Hegelschen Weltgeists modellierten materialistischen Geschichtskonstruktion wurde von den DDR-Intellektuellen, die sich damals als Marxisten verstanden (R. rechnet sich selbst auch dazu), kaum wahrgenommen. Umso weniger als die politische Weltentwicklung in den fünfziger und sechziger Jahren des vergangenen Jahrhunderts die Prognose zu bestätigen schien. Man denke nur an den Sieg der Maoisten in China oder daran, dass in dieser Zeit die Führungseliten einer wachsenden Zahl der im Entkolonialisierungsprozess entstandenen neuen Staaten sich vorgeblich für den ‚Aufbau des Sozialismus' entschieden.[95] Auch in der DDR war lange Zeit immer nur vom Aufbau des Sozialismus als eines Gesellschaftszustands die Rede, der noch nicht erreicht war und für den man kämpfen musste. Als auch unter den Parteigenossen Stimmen laut wurden, die *ad hoc* echte Partizipation an den

---

95 Diese Eliten rekrutierten sich in der sogenannten dritten Welt bekanntermaßen zu einem großen Teil aus jungen Männern, die im sowjetischen Machtbereich ausgebildet worden waren. Was die ehemaligen russischen Kolonien mit mehrheitlich muslimischer Bevölkerung im Nordkaukasus und in Zentralasien anbetrifft, kann nicht bestritten werden, dass die Sowjetherrschaft über diese Länder im Hinblick auf Industrialisierung und Verkehrsanbindung, auf Volksbildung, Gesundheitswesen sowie die Stellung der Frau erhebliche zivilisatorische Fortschritte erbrachte. Zugleich können einige dieser Länder als Musterbeispiele dafür gelten, dass die Herrschaftsstrukturen ungeachtet des Wechsels der politischen Ideologien im Wesentlichen gleich geblieben sind und das dortige gesellschaftliche Leben zu keiner Zeit in irgendeinem marxistischen Sinn sozialistisch gewesen ist. Als das Imperium zerfiel, waren es ausnahmslos einheimische Funktionäre des Sowjetregimes, oftmals bisherige Statthalter Moskaus in den einstigen Sowjetrepubliken, die sich zu Präsidenten eines nun souveränen Staates erklärten. Das war möglich, weil diese Funktionäre in der Regel schon unter sowjetischer Oberhoheit die wichtigsten regionalen Schaltstellen mit ihnen ergebenen, weil von ihnen abhängigen, vorrangig dem eigenen Familienclan angehörenden Leuten besetzt und sich damit eine von unten kaum angreifbare Machtposition geschaffen hatten. Die Kommunisten hatten dieses aus der Stammesgesellschaft überkommene Herrschaftssystem, wie schon die Zaren, toleriert, solange die russische Oberhoheit nicht in Frage gestellt wurde. Und am realen Leben dieser Länder änderte sich jetzt nur, dass an die Stelle eines sowjetpatriotischen Marxismus-Leninismus als Staatsideologie ein die ethnischen Minderheiten ausschließender Nationalismus trat, der sich mancherorts mit einem Führerkult um den jetzigen Präsidenten verband, wie es ihn in der Sowjetunion zuletzt zu Stalins Zeiten gegeben hatte.

politischen Entscheidungen, ihr demokratisches Mitspracherecht, wie es ihnen nach ihren Vorstellungen vom Sozialismus zustand, einforderten, wurde von der Parteiführung der Begriff des zu einer eigenen Geschichtsperiode erklärten ‚realen Sozialismus' eingeführt. Er sollte den gegenwärtigen Entwicklungsstand kennzeichnen, der die Erfüllung dieser Forderungen angeblich noch nicht zuließ. Womit der ‚reife' Sozialismus bzw. Kommunismus als das Ziel, in dem das, was die Partei vor ihrer Machtergreifung versprochen hatte, erst Wirklichkeit werden würde, von ihr selbst in utopische Ferne gerückt wurde. Den Genossen blieb der unerschütterliche Glauben an die Utopie.

Der russische Philosoph Michail Ryklin[96] parallelisiert diese Orientierung auf das Ende der Geschichte, die als eine Geschichte von Klassenkämpfen aufzufassen war, mit den theistischen, auf Apokalypse und Jüngstes Gericht zulaufenden Religionen: Dort die Erlösung des Menschen durch die Gottheit in Form der Versetzung seiner Seele in eine jenseitige Welt, hier seine Selbstbefreiung durch die revolutionäre Beseitigung aller Klassenschranken und die Schaffung der Grundlagen für eine lebenswerte Zukunft der Gattung im Diesseits. Insofern als die eine wie andere Haltung zur Welt den Glauben an einen anderen Zustand voraussetzt, dessen Eintreten unbestimmbar in der Zukunft liegt, kann man dem Marxismus-Leninismus, jedenfalls in der Art und Weise, wie er geglaubt wurde, auch eine religiöse Komponente zusprechen.[97] Weiter gefasst als ein „Zeitalter der Religionskriege" hatte Eric Hobsbawm schon 1994 das von ihm so genannte ‚Kurze 20. Jahrhundert' bezeichnet, als welches er die Jahre vom Ausbruch des ersten Weltkriegs bis zum Zusammenbruch der Sowjetunion verstand. „Die militantesten und blutrünstigsten Religionen", heißt es bei ihm, „ waren säkulare Ideologien aus dem 19. Jahrhundert, wie der Sozialismus und der Nationalismus, dessen Äquivalente zu Gott Abstraktionen oder gottgleich verehrte Politiker waren."[98] Hobsbawm rückt allerdings alle Extremismen auf Grund ihrer Tendenz ins Irrationale in die Nähe des Religiösen. So auch den radikalen Liberalismus, für ihn „das Gegenstück zum sowjetischen Utopia [...], der theologische Glaube an eine

---

96  Vgl. Michail Ryklin, *Kommunismus als Religion* (s. Anm. 94).
97  Ryklin, ebd., S. 53f., unterscheidet zwischen den theistischen oder Transzendenz-Religionen und dem Kommunismus als Immanenz-Religion oder einem ‚Glauben ohne Gott'.
98  Vgl. Eric Hobsbawm, *Das Zeitalter der Extreme* (s. Anm. 94), S.694.

Wirtschaft, in der die Ressourcenzuteilung *ausschließlich* durch den unbeschränkt freien Markt und unter den Bedingungen des unbegrenzten Wettbewerbs stattfindet"[99], ein Glauben, der, wie noch vor der letzten Jahrhundertwende festzustellen war, ebenfalls enttäuscht wurde.

Hobsbawms und Ryklins Feststellungen, dass ein Glaubensbedürfnis, und zwar vor allen Dingen ein Bedürfnis des Glaubens an Zukunft, nicht nur bei gottgläubigen Menschen vorhanden sein kann, sind in diesem Zusammenhang aufschlussreich, weil sie auch eine Antwort auf die Frage nach den Gründen für den Erfolg des Marxismus-Leninismus bei vielen DDR-Intellektuellen bereithalten: Er wurde angenommen, eben weil er ein Glaubensbedürfnis befriedigte, Zukunftsgewissheit bot in einer Zeit, in der dieses Bedürfnis groß war, und weil er es im Rahmen eines philosophischen Systems tat, das als wissenschaftlich fundiert erschien und sich nicht wie die Heilserwartungen in den theistischen Religionen auf Mythen und Legenden stützte. Doch könnte hier zugleich auch die Rede von einem ‚blinden' Glauben sein, der diesen Intellektuellen den Blick für die tatsächliche Realität des ‚realen Sozialismus' trübte. Bei Hobsbawm heißt es denn auch: „Die Extreme dieser säkularen Verehrung und unterschiedlichen politischen Personenkulte hatten wahrscheinlich schon vor Ende des Kalten Krieges abgenommen oder waren von Weltkirchenniveau auf rivalisierende, sektiererische Splittergruppen reduziert worden. Ihre eigentliche Stärke war weniger ihre Fähigkeit gewesen, Emotionen wachzurufen, die traditioneller Religiosität eng verwandt sind – was der ideologische Liberalismus nicht einmal versucht hat –, als ihr Versprechen, dauerhafte Lösungen für die Probleme einer krisengeschüttelten Welt anzubieten. Nur, genau das war es, was sie Ende des Jahrhunderts nicht mehr zu offerieren hatten."[100]

---

99  Eric Hobsbawm, ebd., S.694/95.
100 Ebd., S.694. – Zu den europäischen Intellektuellen vgl. auch Friedrich Wilhelm Graf, *Propheten moderner Art? Die Intellektuellen und ihre Religion*, in: *Aus Politik und Zeitgeschehen*, 40/2010, S. 1-2: „Es ist also weder zutreffend, dass *die* Intellektuellen ideale Repräsentanten der ‚freischwebenden Intelligenz' (Karl Mannheim) sind, noch lässt sich ihr selbst zugeschriebenes Mandat auf Kritik oder gar reine Kritik eingrenzen. Die Ideengeschichten der Moderne, speziell des 20. Jahrhunderts, kennen auch viele Intellektuelle, die sich bewusst als Führer einer bestimmten Klasse, sozialen Gruppe oder gesellschaftlichen Institution verstanden. Europäische Intellektuelle konnten Stalin zur Freiheitsikone und Hitler zum Friedensfürsten stilisieren. Oft inszenierten sich Intellektuelle als Aufklärer, die das herrschende Dunkel

Die Zeit vom ausgehenden 19. Jahrhundert bis heute zusammengenommen, hat R. sich die Meinung gebildet, dass jedenfalls in Deutschland Intellektuelle zwar immer auch eine Vordenker-Funktion erfüllt haben, die meisten von ihnen aber zu allen Zeiten nur Nach-Denker waren – nicht anders als die Masse derer, die überhaupt gedacht und nicht nur die Klischees übernommen haben, die von den Vordenkern, Meinungsmachern jeder Couleur, verbreitet wurden. Bei den vor 1933 arrivierten Universitätsgermanisten dominierte, ebenso wie in weiten Teilen der unter den Folgen des verlorenen ersten Weltkriegs leidenden deutschen Bevölkerung, eine mehr oder weniger stark ins Nationalistische, Antisemitische und Frankophobe tendierende patriotische Gesinnung. Im Unterschied zu der Situation nach 1945 in der sowjetischen Besatzungszone, wo die marxistische Ideologie gegen die Weltbilder der alten Eliten durchgesetzt werden sollte, radikalisierte der Nationalsozialismus somit eine schon vorhandene Massenstimmung, verstärkte er, an die Macht gekommen, nur deren Sog, dem auch Intellektuelle sich offensichtlich nur schwer entziehen konnten. Ein ideologischer Extremismus, wie ihn ein Gustav Roethe oder Ernst Bertram schon vor 1933 vertreten hatten, war bei den Älteren jedoch noch die Ausnahme. Anders die Jüngeren, die noch auf die Berufung warteten oder noch nicht den Lehrstuhl bekommen hatten, den sie sich wünschten. Unter ihnen findet sich eine ganze Reihe engagierter, ja fanatischer Parteigänger des Nationalsozialismus – Männer, die von der Sache, für die sie eintraten, offensichtlich fest überzeugt waren und die Positionen an der Universität, zu denen ihnen ihre Partei verhalf, ebenso zur Stärkung des Einflusses dieser Partei wie ihrer persönlichen Machtstellung zu nutzen wussten. Aber aufs Ganze gesehen waren selbst unter der Naziherrschaft die Radikalen in der Minderzahl. In der DDR hatte spätestens Ende der sechziger Jahre, nachdem die letzten ‚bürgerlichen' Professoren ausgeschieden waren, unter den Germanisten jedenfalls ein größerer Teil der Literaturwissenschaftler den Marxismus-Leninismus angenommen. Als Ideologiewächter, die jede

---

mit dem Licht der Vernunft erleuchten. Aber sie konnten auch als arrogante Avantgarde von wem auch immer – des Proletariats, der unterdrückten Masse – auftreten oder die Autorität ‚der Kirche' als einzig intakter Institution feiern [...]. Dass Intellektuelle dank besonderer Geistesnähe auch größeren politischen Sachverstand und mehr prägnante Klarsicht als andere Zeitgenossen besitzen, ist insoweit eine gefährliche Illusion. Intellektuelle sind anfällig für alle möglichen Integrationsideologien der Moderne und nicht selten irritierend blind."

Abweichung von der Parteilinie zu ahnden hatten, betätigten sich jedoch auch in diesem Fall nur verhältnismäßig wenige. R. kommt daher, wenn er der Geschichte seine Definition des Intellektuellen zu Grunde legt, zu keinem anderen als dem banalen Schluss, dass in beiden deutschen Diktaturen der größte Teil dieser Spezies aus Angepassten und Mitläufern bestand, und dass die Frage, ob einer zum Aktivisten der herrschenden Partei, zum Propagandisten ihrer Ideologie, zum Mitläufer oder zum Dissidenten wird, zunächst als eine Frage der Umstände, unter denen er in die bestehende Ordnung hineingekommen ist, und schließlich als eine Charakterfrage behandelt werden kann.

Eine Charakterfrage? Da der Charakter-Begriff ebenso unterschiedlich bestimmt worden ist wie ‚Identität', könnte gesagt werden, die Wortwahl werfe nur neue Fragen auf. R. glaubt aber, dass man sich relativ leicht über das Gemeinte verständigen könne, sobald klar wird, dass er, Personen oder Personengruppen bestimmte Eigenschaften zuschreibend, das damit gemeinhin verbundene Werturteil ignoriert. So findet er den Typus des Idealisten, soll heißen: den Typ, der seine ganze Kraft für die Verwirklichung einer politischen, sozialen oder religiösen Idee einsetzt, sowohl unter den radikalen Gegnern des bestehenden Herrschaftssystems als auch unter dessen, sich auf die ihm zugrunde liegende Idee berufenden, engagierten Verteidigern. Dem Idealisten stünde in dieser Typologie der Egoist gegenüber. Das wäre einmal der ‚Machtmensch', der sich für die Aufrechterhaltung des Bestehenden nur engagiert, um selbst an die Macht zu kommen, und dem die Ideologie nur Mittel zum Zweck ist. Es könnte zum anderen aber auch einer sein, der sich anpasst, um ebenfalls in den Genuss der Privilegien zu gelangen, die das System seinen Anhängern gewährt, der sich aber nur so weit engagiert, als ihm nötig scheint, um sich nicht verdächtig zu machen, sondern in Ruhe gelassen zu werden und ruhig sich den Dingen widmen zu können, die allein ihn interessieren. (Dass solche Mitläufer, um sicher zu gehen, in ihrem Engagement möglicherweise über das Notwendige hinausgegangen sind, ist, wie schon gesagt, auch vorgekommen.) Nachdem R. sich darüber klar geworden ist, dass seine Auffassung, eine feste Überzeugung müsste jedenfalls bei Intellektuellen den Umsturz des politischen Systems, ja auch der gesamten Gesellschaftsordnung überstehen, auf einem Denkfehler beruhte, hat er sich gefragt. ob nicht die Standhaftigkeit, bei der einmal gefassten Meinung zu bleiben, auch eine Eigenschaft von Menschen ist, die nicht ‚umdenken' können, während beweglichere Charaktere in die Lage kommen mögen, heute mit derselben

Überzeugungskraft eine Meinung zu vertreten, die sie gestern noch heftig bekämpft haben. Die einen wie die anderen können nach R.s Typologie Idealisten sein. Was uns gegen die Idealisten der zweiten Art zumeist aufbringt, ist, dass sie ihr früheres Auftreten verdrängen und nicht daran denken, sich dafür zu entschuldigen. Dabei haben sie vordem ebenso aufrichtig gesagt, was sie denken, wie sie es jetzt wieder tun. Der moralische Makel fällt daher leicht nicht auf sie, sondern auf die Angepassten, die sich ihnen gegenüber damals als Gleichgesinnte ausgegeben und sie also belogen haben.

Von einem, der über die ‚systemnahen' Intellektuellen in den beiden deutschen Diktaturen spricht, erwartet man wohl auch eine Stellungnahme zu dem unterschiedlichen Umgang mit diesem Personenkreis in Westdeutschland nach 1945 und im Osten nach dem Untergang der DDR. Dass die ‚Entnazifizierung' von den westlichen Besatzungsmächten und erst recht nach dem Übergang in den Verantwortungsbereich der Behörden der jungen Bundesrepublik sehr großzügig vonstatten ging, ist heute kaum noch strittig. In R.s Disziplin hat man zwar wenigstens einem halben Dutzend der ärgsten Vorkämpfer des Nationalsozialismus die Lehrbefugnis an deutschen Universitäten dauerhaft entzogen, ihren Pensionsanspruch verloren die meisten von ihnen damit aber nicht. Die Tabula-rasa-Politik gegenüber dem Personal der geistes- und sozialwissenschaftlichen ostdeutschen Lehr- und Forschungseinrichtungen 1990/91 wird immer noch gerade damit begründet, dass man die nach 1945 gemachten Fehler nicht wiederholen wollte. Sehen wir zunächst einmal von der Liquidierung einiger Institute, und zwar nicht nur geisteswissenschaftlicher, der DDR-Wissenschaftsakademie ab, mit der auch eine ganze Reihe von R. bekannten Mitarbeitern, die keinesfalls als ‚systemnah' einzustufen gewesen wären, in die Arbeitslosigkeit entlassen wurde; reden wir auch nicht von jenen ‚Leitungskadern' der höheren Ebenen, die keinerlei wissenschaftliche Leistung aufzuweisen hatten und denen der Professorentitel nur zur Tarnung ihrer Disziplinierungs- und Überwachungsaufgaben verliehen worden war. Reden wir – worüber R. am besten Bescheid weiß – von Geisteswissenschaftlern, die der SED angehörten, an ihrer marxistischen Weltanschauung festhielten und auf ihrem Fachgebiet hoch kompetent waren.

Zum Beispiel ein Mann wie Claus Träger (1927 – 2005). Er war ein Schüler des Romanisten Werner Krauss und hatte seit 1965 eine Professur für allgemeine Literaturwissenschaft an der Universität Leipzig inne. Von allen R. Bekannten, die in Trägers Seminaren gesessen haben, hat er nur gehört, dass er der beste Lehrer gewesen sei, den sie in Leipzig gehabt haben. Mit seinen Arbeiten zur Aufklärung, zur Großen französischen Revolution in der deutschen Literatur, zu Lessing und Herder sowie mit seiner Novalis- und seiner Grillparzer-Edition hat er aber auch bei namhaften Literaturwissenschaftlern des Westens Anerkennung gefunden. Sie besuchten ihn in Leipzig und luden ihn zu Vorträgen an ihre Universität ein. Seiner Initiative verdanken wir auch die seit 1980 erscheinende, nach der ‚Wende' an die Humboldt-Universität übergegangene und vom *Peter Lang Verlag* weitergeführte *Zeitschrift für Germanistik*. R., den Träger offensichtlich schätzte, wurde von diesem übrigens schon kurz nach der Gründung der Zeitschrift in das Herausgeberkollegium berufen, und er hat die damit verbundene Arbeit wie die anderen Mitglieder ernst genommen. Von Anfang an legte das Kollegium größten Wert auf die wissenschaftliche Seriosität der ihm angebotenen Beiträge, auf ihren Erkenntnisgehalt. Das zahlte für die Zeitschrift sich damit aus, dass sie schon bald zu einer festen Größe auch in westlichen Germanistik-Instituten wurde und Wissenschaftler aus der Bundesrepublik und anderen westlichen Ländern Texte zur Veröffentlichung einschickten. In dem Herausgeberkollegium hat R. auch die Träger-Schülerin Brigitte Peters kennengelernt, die der Zeitschrift bis heute treu geblieben ist und von R. zuletzt noch 2011 einen Beitrag zu dem Jubiläumsband *200 Jahre Berliner Universität. 200 Jahre Berliner Germanistik* abgedruckt hat.

Es muss Träger sehr verbittert haben, dass er nach der Wiedervereinigung in der Universität an den Rand gedrängt wurde und von seinen westlichen Gesprächspartnern keiner von ihm noch etwas wissen wollte. Was andere ihm vorwerfen können, weiß R. natürlich nicht. R. kennt nur keinen, der nach der ‚Wende' Grund gehabt hätte, sich über ihn zu beschweren. Und er weiß, dass Träger bestimmt nicht der war, dessen Bericht über R. selbiger in seiner Stasi-Akte gefunden hat, weil er den Betreffenden anhand dieses Berichts identifizieren konnte. Auf Menschen, die ihm schaden wollten, die verhindern wollten, dass seine Texte gedruckt werden – Träger gehörte sicher nicht dazu, ist R. bis heute nicht gut zu sprechen. Sofern es sich dabei jedoch um Wissenschaftler handelt, die auf ihrem Spezialgebiet Anerkennenswertes geleistet haben, vertritt er den Standpunkt, dass die Gesellschaft dieses Potenzial hätte trotzdem weiter nutzen sollen. Für Träger und manchen anderen, dem R. zu Dank verpflichtet war, hätte das umso mehr gegolten. Die Westdeutschen, die an ihre Stelle traten, waren fachlich jedenfalls nicht ausnahmslos besser.

Während die Kritik am Verhalten der deutschen Germanisten in der Zeit des Nationalsozialismus heute kaum mehr jemanden aufregen dürfte, musste R. im neuen Deutschland auch die Erfahrung machen, dass seine ambivalente Einschätzung der Achtundsechziger-Bewegung, der er durchaus auch positive Wirkungen auf das Fach zuschreibt, bei einigen Kollegen aus den alten Bundesländern immer noch auf Widerspruch stieß. Geradezu auf vermintes Feld hat R., was abzusehen war, sich mit dem Versuch begeben, in groben Zügen die Entwicklung der Literaturwissenschaft in der DDR zu skizzieren. Nicht, dass er keine Zustimmung bekommen hätte. Die gab es auch. Geht man aber davon aus, dass die DDR-Vergangenheit in vielen Köpfen auf beiden Seiten der einstigen innerdeutschen Grenze noch nicht vergangen ist, dann hat R. mit seinem Unterfangen seine Sicht auf ein Kapitel Gegenwartsgeschichte zur Diskussion gestellt. Und damit den Unmut all derer auf sich gezogen, die der Vergangenheit nachtrauern oder noch an ihr leiden. Dass R., wie sich von selbst versteht, auf die Angehörigen seiner Wissenschaftler-Generation *ad personam* nicht mehr näher eingeht, ändert daran nichts. Vielmehr exponiert sich einer, dem es offensichtlich schwerfällt, sich zu einem eindeutigen Urteil durchzuringen, weil er meistens statt schwarz oder weiß diverse Schattierungen sieht, paradoxerweise umso mehr: Den einen scheint er die DDR-Wissenschaft zu beschönigen, den anderen ein verzerrtes Bild von ihr zu liefern. Hinzu kommt, dass seine DDR-Biographie seine Angreifbarkeit von beiden Seiten noch vergrößert. Kritik an veröffentlichten Texten auszuhalten, fällt aber einem mit DDR-Biographie umso leichter, als er doch gewohnt war, dass die Kritik als Vorzensur geübt wird und also darüber entscheidet, ob ein Text überhaupt veröffentlicht werden darf.

In Bezug auf die Literaturwissenschaft beschäftigt R. die Frage nach ihrer Relevanz im Zeitalter der elektronischen Medien. Ob es der kulturwissenschaftliche oder ein anderer Horizont sein würde, unter dem sie sich eine gewisse gesellschaftliche Relevanz erhalten oder vielleicht sogar wieder an Bedeutung gewinnen könnte. Zu dieser Frage hat er bereits 2007 in einem Aufsatz für die *Weimarer Beiträge* Stellung genommen.[101] Darin schreibt er, auf den von Wissenschaftstheoretikern damals prognostizierten radikalen Umbruch der gesamten Wissensordnung Bezug nehmend, für ihn sei, ob es zu diesem Umbruch komme oder nicht, nur schwer vorstellbar, dass die Literaturwis-

---

101 Vgl. Rainer Rosenberg, *Literaturwissenschaft als Kulturwissenschaft* (s. Anm. 27).

senschaft zu dem *status quo ante* zurückkehren könne. Die Disziplingrenzen werden ihre Durchlässigkeit behalten, die Bedeutung integrativer, trans- bzw. supradisziplinärer Forschungsrichtungen werde weiter steigen, die interdisziplinäre Mobilität der Wissenschaftler noch zunehmen (müssen). Dass die Entwicklung generell auf eine allgemeine Entdifferenzierung zuläuft, sei damit aber nicht gesagt. Die Notwendigkeit integrativer Forschungsrichtungen ergebe sich ja gerade daraus, dass mit der exponentiell wachsenden Wissensvermehrung die den Horizont des Einzelforschers einengende spezialistische Ausdifferenzierung der Disziplinen zumindest in den Naturwissenschaften und in der Medizin unausgesetzt weitergeht. An ein baldiges Verschwinden der Disziplinen in einer neuen Einheit des Wissens glaube er also nicht. Denn sie seien noch immer der Ort, wo das basale Fachwissen akkumuliert wird, auf dem die interdisziplinäre Arbeit aufbaut. Die Disziplinen haben sich allerdings schon jetzt vielfach in Stützpunkte verwandelt, von denen aus ein Teil der Forscher immer öfter die Zwischenräume aufsucht, in denen die integrativen Projekte angesiedelt sind. Die Entwicklung der Naturwissenschaften habe jedoch auch gezeigt, dass auf solche Projekte konzentrierte Forschungsrichtungen sich wiederum disziplinär verfestigen können, d.h., dass auf interdisziplinärer Grundlage neue Disziplinen entstehen können, die ein neues Spezialwissen akkumulieren und Wissenschaftler auf Dauer an sich binden. Die institutionalisierte Kulturwissenschaft sei mit Forschungsrichtungen wie z.B. der Biophysik oder der Biochemie nicht vergleichbar. Denn sie beziehe sich ihrem Begriff nach ja auf den gesamten Bereich der menschlichen Arbeit, der Lebens- und Wissensformen, die Geschichte der Naturwissenschaften eingeschlossen[102], tendiere ihrem Anspruch nach mithin zur Integration aller geistes- und sozialwissenschaftlichen Disziplinen. Diesem Anspruch könnte sie aber nur als Kulturtheorie oder Kulturphilosophie gerecht werden. Daher sei er sich auch noch nicht sicher, dass die Institutionalisierung Bestand haben und die Anbindung der konkreten Forschungsprojekte nicht an Einzeldisziplinen wie die Ethnologie, die Soziologie oder eben eine kulturwissenschaftlich orientierte bzw. ‚motivierte' Literaturwissenschaft zurückgehen werde. Dass stattdessen die Literaturwissenschaft diese Orientierung wieder völlig aufgeben könnte, sei jedenfalls nicht abzusehen. Man hätte das zu beklagen,

---

102 Vgl. Hartmut Böhme, (Artikel:) *Kulturwissenschaft.* In: *Reallexikon der deutschen Literaturwissenschaft,* Bd. II, Berlin–New York 2000, S. 356, und Wolfgang Frühwald u.a. (Hrsg.), *Geisteswissenschaften heute,* Frankfurt a.M. 1991, S. 10.

wenn die Literaturwissenschaft als Kulturwissenschaft generell mehr als andere – frühere – über die Strukturanalyse literarischer Texte und/oder die Interpretation dieser Texte hinausgehende Orientierungen einem willkürlichen, oberflächlichen oder dilettantischen Umgang mit ihren Gegenständen Vorschub leistete. Arbeiten, die eine solche Vermutung nahe legen und die prinzipiellen Kritiker dieser Ausrichtung auf den Plan rufen, gebe es. Ihnen könne man aber Studien gegenüberstellen, denen es ebenso wenig an Solidität wie an Intelligenz ermangelt und deren Lektüre R. anregender gefunden habe als manche vergleichbare sozialgeschichtliche oder ideologiekritische Arbeit aus der Zeit davor. Sollte die Zahl solcher Arbeiten im Verhältnis zum Gesamtaufkommen an kulturwissenschaftlicher Forschungsliteratur tatsächlich kleiner sein als in anderen Forschungsrichtungen (die Einschätzungen gehen naturgemäß weit auseinander), würde er das auf die mit der kulturwissenschaftlichen Orientierung verbundenen ungewohnten transdisziplinären Wissensanforderungen und auf das höhere Reflexionsniveau zurückführen, auf dem die Literaturwissenschaft als Kulturwissenschaft zu operieren hat. Sein Fazit lautete jedenfalls: „Die Perspektiven, die diese Orientierung eröffnet, sind die Anstrengung wert, den von ihr gestellten Anforderungen nachzukommen." Allerdings setzte er damals noch hinzu: „Das muss man dann aber auch können."

Heute wäre hinzuzufügen, dass R. die Beobachtung des Wissenschaftsprozesses und das Nachdenken über ihn mit seinen Aussagen in dem zitierten Aufsatz nicht eingestellt hat. Und dass er sich folglich auch mit den im letzten Jahrzehnt in der kulturwissenschaftlich orientierten Literaturwissenschaft verstärkt auftretenden Tendenzen auseinandergesetzt hat, Literatur in ihrer Eigenschaft als Wissensform zu untersuchen. Dass Literatur diese Dimension hat, sie als eine Speicherungsform des Weltwissens, vor allem aber des Wissens vom Menschen, von seinem Leben in der Gesellschaft, seinen Handlungsantrieben und Emotionen verstanden werden kann, ist freilich keine neue Erkenntnis. Nicht neu ist auch eine Auffassung vom Wissen der Literatur, die davon ausgeht, dass es sich dabei vornehmlich um ein Wissen handelt, das im Unterschied zu dem der Naturwissenschaften nicht regulär auf einer in einem logisch-argumentativ verfahrenden Verallgemeinerungsprozess gebildeten Wirklichkeitserkenntnis beruht, literarische Texte vielmehr zumeist in einem individualisierenden Verfahren erschaffene imaginäre Wirklichkeiten präsentieren, denen gleichwohl ein realer Erkenntnisgehalt zugesprochen werden kann. Diese Auffassung verliert allerdings ihre Gültigkeit, sobald sie nicht mehr auf dem autonomieästhetischen Literaturbegriff basiert, der sich in der zweiten Hälfte des 19. Jahrhunderts allgemein durchgesetzt hatte. Mit den anderen poststrukturalistischen Vorgehensweisen hat die hier zur Rede stehende neuerliche Rehistorisierung des Literaturbegriffs gemein, dass sie die traditionell der Erfassung des Erkenntnisgehalts dienenden, auf das Erkenntnisziel des optimalen Textverständnisses gerichteten hermeneutischen Verfahren der Auslegung und Interpretation suspendiert.[103] Das geschieht nun weitgehend auch im Rahmen eines Paradigmas der ‚Wissenskulturen', das – wie die meisten anderen geisteswissenschaftlichen Paradigmen seit den 1960er Jahren – seinen Weg von der postmodernen französischen (Sozial-)Philosophie und Wissenschaftstheorie über deren USA-Rezeption an die deutschen Universitäten genommen hat.[104]

---

[103] Das Textverständnis sollte nach Wilhelm Diltheys Ansicht in einem Akt des Sich-in-den-Text-Hineinversetzens, des Nacherlebens und Nachbildens gewonnen werden, in einem kunstähnlichen Verfahren, das mehr oder weniger intuitiv abläuft. Spätere Vertreter der Hermeneutik sahen manches anders, die meisten stimmen mit Dilthey aber darin überein, dass im Verstehensprozess die Subjektivität des Interpreten, seine je eigenen Erfahrungen, Vorurteile und Überzeugungen in die Interpretation eingehen. Was zur Folge hat, dass diese immer partiell präsumtiv bleibt, nur einen Annäherungswert haben kann und nicht uneingeschränkt objektivierbar ist (ein anderer Interpret wird nie zu exakt demselben Resultat kommen). Dilthey schreibt: „So ist in allem Verstehen ein Irrationales, wie das Leben selber ein solches ist; es kann durch keine Formeln logischer Leistungen repräsentiert werden. Und eine letzte, obwohl ganz subjektive Sicherheit, die in diesem Nacherleben liegt, vermag durch keine Prüfung des Erkenntniswertes der Schlüsse ersetzt zu werden, in denen der Vorgang des Verstehens dargestellt werden kann. Das sind die Grenzen, die der logischen Behandlung des Verstehens durch dessen Natur gesetzt sind." Vgl. ders., *Entwürfe zur Kritik der historischen Vernunft, II. Das Verstehen anderer Personen und ihrer Lebensäußerungen, 6. Die Auslegung oder Interpretation*, in: Wilhelm Dilthey, *Gesammelte Schriften*, Bd. 7, *Der Aufbau der geschichtlichen Welt in den Geisteswissenschaften*, 2. Aufl. Leipzig/Berlin 1942, S. 218. – Von einem „hermeneutischen Risiko" spricht auch Walter Haug in seiner Polemik *Literaturwissenschaft als Kulturwissenschaft?*, in: *Deutsche Vierteljahrsschrift für Literaturwissenschaft und Geistesgeschichte* 73 (1999), H. 1, S. 69-93, hier S. 85. – Die relativistische Note der Diltheyschen Hermeneutik wird heute oft übersehen.

[104] Vgl. z. B. Michel Serres, *Éléments d'histoire de science*, Paris 1998; Jacques Rancière, *Les noms d'histoire. Essai de poétique du savoir*, Paris 1992, deutsch: Frankfurt/M. 1994; Bruno Latour, *Laboratory Life. The Social Construction of Scientific Facts*, Beverly Hills 1979, und: *Die Hoffnung der Pandora. Untersuchungen zur Wirklichkeit der Wissenschaft*, Frankfurt a.M. 2002.

Überhaupt scheint sich die gesamte kulturwissenschaftliche Arbeit zunehmend auf die Modellierung solcher Wissenskulturen zu fokussieren. Vorkämpfer dieser Forschungsrichtung wie Gustav Frank stellen die Allgemeingültigkeit der ins allgemeine Bewusstsein eingegangenen Snowschen Dichotomie von Natur- und Geisteswissenschaften[105] mit dem Hinweis in Frage, dass sie von dem disziplinär ausdifferenzierten Wissenschaftssystem der Zeit ihres Erfinders abgeleitet sei und frühere Kulturzustände außer Acht lasse, in denen die Wissensgenerierung vielfach noch außerhalb der Disziplinen, d. h. der Universitäten, stattfand. Und zwar im Rahmen von Wissensformen, die nicht auf Rationalität und logisch-analytischen Verfahren im heutigen Sinne basierten.[106] Die Rede ist also auch von einer Historisierung des Wissenschaftsbegriffs und des Verhältnisses von Literatur und Wissenschaft(en). Gustav Frank und Madleen Podewski plädieren in diesem Zusammenhang sogar für „Konsequenzen auf der Ebene der *Forschungsorganisation*": „Die von uns geforderte Wissensgeschichte, die historische Wissensformationen multikonstellativ rekonstruieren will, ist weder länger Literaturwissenschaft noch Wissenschaftsforschung."[107] Dass eine solche Wissensgeschichte dauerhaft den Platz besetzen könnte, den im Universitätsbetrieb heute immer noch eine irgendwie geartete, meist aber schon kulturwissenschaftlich ausgerichtete Literaturwissenschaft einnimmt, hält R. zwar für wenig wahrscheinlich. Dessen ungeachtet sieht er hier einen von der Literaturwissenschaft bisher noch kaum erprobten neuen Ansatz. Frank und Podewski kommt dabei das Verdienst zu, nicht nur ein neues Programm entworfen zu haben, sondern mit dem von ihnen herausgegebenen Band *Wissenskulturen des Vormärz* auch

---

105 Vgl. Charles Percy Snow, *The Two Cultures and the Scientific Revolution*, London 1959, deutsch: *Die zwei Kulturen. Literarische und naturwissenschaftliche Intelligenz*, Stuttgart 1967.
106 Vgl. Gustav Frank/Madleen Podewski, *Denkfiguren. Prolegomena zum Zusammenhang von Wissen(schaft) und Literatur im Vormärz*, in: Dies. (Hrsg.), *Wissenskulturen des Vormärz = Forum Vormärz Forschung Jahrbuch 2011*, Bielefeld 2012, S. 11-54, hier S. 18-22 und S.36.
107 Ebd., S. 29. – Gaston Bachelard hatte die Aufgabe der Vermittlung von Wissenschaft und Literatur noch der Philosophie zugeschrieben. „Alles was die Philosophie erhoffen kann, ist, Poesie und Wissenschaft zu zwei komplementären Bereichen zu machen, sie wie zwei gut aufeinander abgestimmte Gegensätze zu verbinden", heißt es in seiner Schrift *La Psychanalyse du feu*, deutsch: *Die Psychoanalyse des Feuers*, München 1985, S. 6. – Gefragt werden könnte: Wie viel Philosophie braucht noch die von Frank/Podewski favorisierte Wissensgeschichte?

einen ersten Versuch unternommen zu haben, ihr Programm in die Praxis umzusetzen.

Insgesamt ist die Theorie, wie das bei der Etablierung eines neuen Paradigmas oft der Fall ist, der Praxis weit voraus. Poetologien und Rhetoriken des Wissens werden geschrieben, die im „Grenzbereich und an den Schnittstellen zwischen Literatur und Wissenschaft(en)" operieren und „anhand der Prämisse [verfahren], dass literarische Strategien und Praktiken der Darstellung bei der Generierung jeglichen Wissens zur Anwendung kommen".[108] Dabei scheint der Schwerpunkt des Interesses in den letzten Jahren sich immer mehr auf die Naturwissenschaften verschoben zu haben. Genauer gesagt: auf den Nachweis literarischer Strategien und Praktiken bei der naturwissenschaftlichen Wissensproduktion. Das wäre allerdings auch nicht verwunderlich, stammt doch der größte Teil der Arbeiten zum Thema ‚Wissenskulturen', die R. zu Gesicht gekommen sind, von gelernten Geisteswissenschaftlern – Philosophen, Soziologen, Historikern, Literatur- und Kulturwissenschaftlern.[109]

Die Erhebung der Literaturwissenschaft – als Kulturwissenschaft oder nun schon mehr als Wissenschaftsforschung oder eben Wissensgeschichte – zu einem mit den Naturwissenschaften gleichberechtigten und gleichwertigen Forschungsbereich mag freilich auch dem Zweck dienen, ihr Prestige bei den Wissenschaftspolitikern zu erhöhen, die ihre dem Hochschulwesen zur Verfügung gestellten finanziellen Mittel zunehmend zugunsten der Naturwissenschaften umschichten. Den Paradigmenwechsel allein auf diese Motivation

---

108 Vgl. u. a. Joseph Vogl (Hrsg.), *Poetologien des Wissens um 1800,* München 1999; Jochen Hörisch, *Das Wissen der Literatur,* München 2007; Tilmann Köppe, *Vom Wissen in Literatur,* in: *Zeitschrift für Germanistik 17* (2007), S. 398-410; Ralf Klausnitzer, *Literatur und Wissen. Zugänge – Modelle – Analysen,* Berlin 2008; Tilmann Köppe, *Literatur und Erkenntnis. Studien zur kognitiven Signifikanz literarischer Werke,* Paderborn 2008; Johannes Fried/Michael Stolleis (Hrsg.), *Wissenskulturen. Über die Erzeugung und Weitergabe von Wissen,* Frankfurt/M. 2009. – Das Zitat entstammt Jeannie Moser, *Poetologien/Logiken des Wissens. Einleitung,* S. 13. „Als unverzichtbare Strategien kommen in diesem Prozess *poetische* Verfahren wie Narrativierung und Figurierung zum Einsatz", heißt es auf S. 12.
109 Wobei in diese Richtung weisende Arbeiten von Naturwissenschaftlern, wie die des Molekularbiologen Hans-Jörg Rheinberger, 1997 – 2011 Direktor des Berliner Max-Planck-Instituts für Wissenschaftsgeschichte, nicht zu übersehen sind. – R. steht auch nicht dafür ein, dass keiner der einschlägig beschäftigten Geisteswissenschaftler als Zweitfach eine naturwissenschaftliche Disziplin gewählt und in dieser Disziplin vielleicht sogar ein Diplom erworben hat.

zurückzuführen, hält R. jedoch für abwegig. Feststeht ein wachsendes Interesse auf Seiten der Geisteswissenschaften, mit den Lebens- und Naturwissenschaften ins Gespräch zu kommen. Zumindest in dem von R. erfassten deutschsprachigen Wissenschaftsraum hat das Bemühen, von einer kulturwissenschaftlich orientierten Literaturwissenschaft aus die interdisziplinäre Zusammenarbeit mit den Naturwissenschaften zu organisieren, allerdings bisher nur ein schwaches Echo gefunden. Auf ihren Fachgebieten innovative und erfolgreiche Natur- oder Lebenswissenschaftler sind – die Verbindungen zur Psychologie und Psychiatrie, eventuell auch zur Neurologie, ausgenommen – bisher kaum für solche Projekte zu gewinnen gewesen. Den Grund dafür sieht R. nicht etwa in einer Fachborniertheit, wie sie Naturwissenschaftlern von einigen Kulturwissenschaftlern unterstellt wird, sondern in der selbstverständlichen Tatsache, dass die sie interessierenden Fragestellungen in der Regel sich aus dem den meisten Kulturwissenschaftlern schwer zugänglichen natur- bzw. lebenswissenschaftlichen Forschungszusammenhang ergeben. (Dass es Fachborniertheit da wie dort gibt, bleibt dabei unbestritten.) Zudem dürfte der ebenfalls auf den französischen Poststrukturalismus zurückgehende, auch über die kulturwissenschaftliche Orientierung in die Literaturwissenschaft eingegangene Wissenschaftsstil der Verständigung mit den Naturwissenschaftlern hinderlich sein. Dass, nebenbei gesagt, selbst Literaturwissenschaftler an der poststrukturalistischen Wissenschaftssprache Anstoß nehmen, weil sie mit deren Begrifflichkeit (ihren ‚Figuren') nicht zurechtkommen, spricht aber noch nicht gegen das neue Paradigma. Jedes neue Paradigma schafft sich sein eigenes Vokabular. Man könnte höchstens einwenden, dass ältere Paradigmen nicht so vieles anders benannt haben. Sie haben aber auch meistens nicht so viel Anderes zu benennen gehabt. Allerdings kann man eine Beschreibung naturwissenschaftlicher Forschungstätigkeit als ein „originelle[s] Hervorbringen und Konfigurieren von Modellen, Beschreibungsmethoden, kategorialen Bestimmungen, Anordnungsweisen und Begrifflichkeiten", kann man die Rede von der ‚Erzeugung' wissenschaftlicher Tatsachen in einem ‚Schöpfungsakt' (Akt der ‚poiesis'), einem rhetorischen Akt[110], auch als in die Richtung eines radikalen Relativismus des *anything goes* gehend lesen, mit dem die Wissenschaftskonzeptionen von Ludwik

---

110 Vgl. Jeannie Moser, *Poetologien/Rhetoriken des Wissens. Einleitung* (s. Anm. 108), S. 12.

Fleck und Thomas Samuel Kuhn, auf die vielfach noch reflektiert wird, in R.s Verständnis nicht gleichzusetzen sind. Und auch die oft zitierte Aussage des Atomphysikers, dass die Versuchsanordnung darüber entscheidet, ob der Teilchen- oder der Wellencharakter der Materie nachgewiesen wird, berechtigt seines Erachtens noch nicht zu dieser Schlussfolgerung.[111]

Kuhn selbst hat sich bereits im *Postscriptum* zur zweiten Auflage seines Hauptwerks gegen den Relativismus-Vorwurf gewehrt. „Die Verfechter unterschiedlicher Theorien", heißt es dort, „ähneln den Mitgliedern verschiedener Sprach- und Kulturgemeinschaften. Die Anerkennung dieser Parallelität läßt vermuten, daß in gewissem Sinne beide Gruppen recht haben können. Auf die Kultur und ihre Entwicklung angewendet ist diese Position relativistisch. Aber auf die Wissenschaft angewendet braucht sie es nicht zu sein, und sie ist jedenfalls weit von *bloßem* Relativismus entfernt in einer Hinsicht, die ihre Kritiker übersehen haben. Als Gruppe oder in Gruppen sind die Vertreter der entwickelten Wissenschaften, wie ich behauptet habe, im Grunde Rätsellöser."[112] „In den Naturwissenschaften", heißt es dann weiter, werde „der Fähigkeit, Probleme zu lösen", ein hoher Wert zugemessen. Wenn sich in Bezug auf diese Fähigkeit nun herausstellen sollte, dass spätere wissenschaftliche Theorien besser als frühere geeignet sind, „Probleme in den oft ganz unterschiedlichen Umwelten, auf die sie angewendet werden, zu lösen", dann sei „die wissenschaftliche Entwicklung wie die biologische ein eindeutig gerichteter und nicht umkehrbarer Vorgang." Dies, so Kuhn, sei „keine relativistische Position", und „in diesem Sinne" sei er „fest überzeugt vom wissenschaftlichen Fortschritt".[113] Allerdings erklärt er schon im nächsten Absatz, dass seiner Position, verglichen mit dem bei Wissenschaftstheoretikern wie Laien vorherrschenden Fortschrittsbegriff, ein wesentliches Element fehle: nämlich die Vorstellung, dass „aufeinander folgende Theorien sich der Wahrheit immer mehr annäherten". Kuhn zweifelt überhaupt daran, dass der Begriff der Wahrheit auf ganze Theorien anzuwenden sei.[114] Und an dieser Stelle geht er konform mit Flecks Konzeption der Evolution des Wissens durch ‚Irrwege

---

111 Vgl. Carl Friedrich von Weizsäcker, *Der begriffliche Aufbau der theoretischen Physik,* Göttingen 1948.
112 Vgl. Thomas S. Kuhn, *Die Struktur wissenschaftlicher Revolutionen,* 2. revidierte Aufl. Frankfurt/M. 1976, S. 216.
113 Ebd., S.216/217.
114 Ebd., S. 217/218.

und Zufälle', wie Lothar Schäfer und Thomas Schnelle dessen Verfahrensweise genannt haben.[115] Zugleich stellt Fleck über seinen Begriff des kollektiven Denkstils, der wesentliche Funktionen erfüllt, für die Kuhn den Paradigma-Begriff einsetzen wird, einen geschichtlichen Zusammenhang her.[116] Denkstile wechseln einander ab. Doch „finden sich in jedem Denkstil immer Spuren entwicklungsgeschichtlicher Abstammung vieler Elemente aus einem anderen vor. [...] Auf diese Weise entsteht ein geschichtlicher Zusammenhang der Denkstile." Da während der Dauer eines Denkstils für die Mitglieder des ihn tragenden Denkkollektivs immer nur eine einzige Auflösung eines konkreten Problems ‚stilgemäß', soll heißen: denkbar sei, sieht Fleck in dieser Problemlösung die – zeitgemäße – Wahrheit. Diese Wahrheit ist für ihn nicht ‚relativ' oder gar ‚subjektiv', auch nicht ‚Konvention', *„sondern im historischen Längsschnitt denkgeschichtliches Ereignis, im momentanen Zusammenhang: stilgemäßer Denkzwang"*[117]. Dass Flecks und Kuhns Kontrahenten diese Stellungnahmen zum Relativismus-Vorwurf nicht gelten lassen konnten, versteht sich von selbst. Ebenso selbstverständlich erscheint R. aber auch, dass Flecks und Kuhns Anhänger in deren Wissenschaftskonzeptionen eine Möglichkeit sehen, auch in den Geisteswissenschaften die Illusion eines geradlinigen Erkenntnisfortschritts aufzugeben, ohne jeglichen Wahrheitsanspruch aus der Erkenntnistheorie eliminieren zu müssen.

Die Betrachtung der Literatur als Wissensform geht, indem sie sich zur Modellierung von Wissenskulturen ausweitet, wie andere kulturwissenschaftliche Orientierungen über die Literatur hinaus. Forschungsziel nur der ersten Stufe sind Erkenntnisse, wie Lebenswirklichkeit fiktional verarbeitet wird. In der zweiten geht es darum, welchen Beitrag die Literatur zur historischen Anthropologie bzw. Kulturanthropologie, zur Mentalitätsgeschichte oder (wieder einmal!) zur Sozialgeschichte geleistet hat. Literaturwissenschaft als Ästhetik, als Kunstforschung, Kunstbeschreibung (unter den Aspekten von

---

115 Vgl. Lothar Schäfer/Thomas Schnelle, Einführung, in: Ludwik Fleck, *Entstehung und Entwicklung einer wissenschaftlichen Tatsache* (s. Anm. 32), S. XLVII.

116 Fleck definiert den Denkstil als „gerichtetes Wahrnehmen, mit entsprechendem gedanklichen und sachlichen Verarbeiten des Wahrgenommenen. [...] Ihn charakterisieren gemeinsame Merkmale der Probleme, die ein Denkkollektiv interessieren; der Urteile, die es als evident betrachtet; der Methoden, die es als Erkenntnismittel anwendet." – Vgl. Ludwik Fleck, S. 130.

117 Vgl. Ludwik Fleck, *Entstehung und Entwicklung einer wissenschaftlichen Tatsache* (s. Anm. 32), S. 130/131. (Kursiv gedruckte Hervorhebung im Original)

Sprache, Metaphern, Topoi, Strukturen usw.), als Poetik oder als ‚Poetologie' literarischer Texte zu betreiben, hat offenbar nur noch propädeutische Bedeutung. Literatur als *Kunstform* in ihrer Eigengesetzlichkeit entsprechend den ihr zur Verfügung stehenden Mitteln, Kunst als Selbstzweck, als Spiel, nicht als Widerspiegelung einer außerhalb von ihr gewussten oder gesuchten Wirklichkeit, sondern immer nur als Widerspiegelung ihrer selbst zu begreifen, ist anscheinend nur noch etwas für das Selbstverständnis des einen oder anderen Dichters. Literaturwissenschaftlicher Strukturalismus, werkimmanente Interpretation und andere textimmanent verfahrende Paradigmata der Vergangenheit gelten heute offensichtlich schon nicht mehr als gesellschaftlich vertretbar. Die Disziplin muss einem weiterreichenden Zweck dienlich sein – was angesichts des schmalen Budgets der meisten deutschen Universitäten die Voraussetzung dafür ist, dass sie weiterhin die für ihren Fortbestand minimal erforderliche Alimentierung erhält.

Während alle diese Beobachtungen ungeachtet der mitgeteilten Zweifel und Bedenken grundsätzlich die kulturwissenschaftliche Perspektive des Fachs stützen, muss der in jüngster Zeit nicht nur im deutschen Sprachraum, sondern auch im fremdsprachigen Ausland mehrfach festgestellte Rückzug des Fachs auf die kanonische deutschsprachige Literatur umso mehr verwundern.[118] Nicht verwunderlich wäre, wenn die vergleichende Literaturwissenschaft in der Art und Weise eines Studiums der ‚Weltliteratur' betrieben werden sollte, in dem die sogenannten Meisterwerke der Literaturen verschiedener Völker, wo die Sprachkompetenz fehlt, in Übersetzungen behandelt würden. Das kann jedoch nicht die Aufgabe eines *Institute of German Cultural Studies* sein. Der Rückzug eines solchen USA-Instituts auf die Meisterwerke der deutschsprachigen Literatur ließe sich hingegen damit rechtfertigen, dass im kulturwissenschaftlichen Rahmen auch in Deutschland der Literatur nicht mehr der Platz eingeräumt werden kann, den sie in den germanistischen Instituten traditionell eingenommen hat – Konzentration auf das vermeintlich Wichtigste mithin unerlässlich sei. Als eine im Wissenschaftsbetrieb wie in der Kleidermode entwickelte Technik der Aufmerksamkeitslenkung und Interessentengewinnung, die sich da wie dort zuweilen auch aus dem Fundus

---

118 Peter Uwe Hohendahl, emeritierter *Jacob Gould Schurman Professor of German and Comparative Literature* und Direktor des *Institute of German Cultural Studies* der Cornell University/Ithaca, N.Y., berichtete R. 2011 über eine solche Tendenz auch in der USA-Germanistik.

bedient und dann vielen als Wiederkehr des Alten erscheinen mag, möchte R. dieses Phänomen jedenfalls nicht abtun. Er sieht jedoch nach wie vor, zumindest im fremdsprachigen Raum, die Zukunft der Hochschulgermanistik in der kulturwissenschaftlichen Orientierung, die sie weitgehend schon heute kennzeichnet. Und er stellt ihr diese Prognose auch, weil sie in einer vom Finanzkapital regierten Welt, in der auch die Wertschätzung des Fachwissens nur nach seiner Verwertbarkeit bemessen wird, nur diese Wahl hat, wenn sie nicht zu einem der an manchen Universitäten noch auffindbaren seltenen ‚Orchideenfächer' schrumpfen soll.

Dabei weiß R., dass man Prognosen tunlichst vermeiden sollte. Werden Nachgeborene doch über die meisten davon sich wahrscheinlich ebenso amüsieren wie wir über die Prognosen unserer Vorgänger. Natürlich kennt R. auch Zukunftsbeschreibungen, die uns immer wieder in Staunen versetzen, weil alles so gekommen ist, wie sie vorhergesagt haben. In neuerer Zeit betrifft das allerdings – neben meist inzwischen realisierten Technik-Utopien – vor allem die politischen und sozialen Verwerfungen. Aber gerade wenn einer weiß, dass er allein schon seines Alters wegen nicht mehr viel Zukunft hat, kommt es wohl öfter vor, dass der betreffende sich auch Gedanken macht, wie die Geschichte seines Fachs, seines Landes, seiner Kultur usw. in den nächsten Jahrzehnten verlaufen könnte. Und mangels anderer Hinweise schließt er, ausgehend von dem, was er gegenwärtig als Tendenz zu erkennen glaubt, auf Wahrscheinlichkeiten, im vollen Bewusstsein, dass schon zu seinen Lebzeiten manches geschehen ist, das keiner für wahrscheinlich gehalten hat. So läuft auch dieser Text, der darauf angelegt war, dem Autor Klarheit darüber zu verschaffen, was ihn zu dem Menschen gemacht hat, als der er sich heute sieht, am Ende darauf hinaus, die Sicht des Autors auf seine heutige Welt und deren Zukunftschancen zu beschreiben. Insofern als diese Weltsicht ebenfalls als Resultat seiner Lebenserfahrung aufzufassen ist, hat sie an dieser Stelle auch ihren Platz.[119]

---

119 Die Idee, als Distanzierungshilfe für den Versuch der Selbstanalyse die dritte Person zu verwenden, verdankt der Schreiber Peter Uwe Hohendahls 2008 im Aisthesis Verlag Bielefeld erschienenem Band *Übergänge. Autobiographische Notate*.

# Schriftenverzeichnis 2012 (Auswahl)

## I. Bücher und Aufsätze

Literaturverhältnisse im deutschen Vormärz. Akademie-Verlag Berlin/Dämnitz-Verlag München 1975, 296 S.
Deutsche Vormärzliteratur in komparatistischer Sicht. In: Weimarer Beiträge 1975, 2, S. 74–98
Geschichte der deutschen Literatur von den Anfängen bis zur Gegenwart. Bd. 8. Von 1830 bis zum Ausgang des 19. Jahrhunderts. Erster Halbband. Von einem Autorenkollektiv unter Leitung von Kurt Böttcher in Zusammenarbeit mit Rainer Rosenberg und Helmut Richter. Volk und Wissen Verlag Berlin 1975
Literaturfunktion in der Geschichte – zum Beispiel: Vormärz. In: Funktion der Literatur. Berlin 1975, S. 146–155
Literaturverhältnisse im deutschen Vormärz. 2. Aufl. Akademie-Verlag Berlin 1976
Literaturgeschichte als Geschichte der literarischen Kommunikation der Gesellschaft. In: Weimarer Beiträge 1977, 6, S. 53–74
Die Wiederentdeckung des Lesers. Heine und Prutz. In: Heinrich Heine und die Zeitgenossen. Geschichtliche und literarische Befunde. Berlin und Weimar 1979, S. 178–202
Some Theoretical and Methodological Problems of the Comparative Study of 19th Century European Literature. In: Acta des VIII. AILC-Kongresses Budapest 1976. Budapest 1979, S. 705 – 708
Literaturgeschichte und Werkinterpretation. Wilhelm Diltheys Verstehenslehre und das Problem einer wissenschaftlichen Hermeneutik. In: Weimarer Beiträge 1979, 12, S. 113–142
Der Kompetenzübergang der Literaturgeschichtsschreibung auf die Germanistik. Zur Geschichte der germanistischen Literaturwissenschaft im 19. Jahrhundert. In: Zeitschrift für Germanistik 3/1980, S. 261–276

Zehn Kapitel zur Geschichte der Germanistik – Literaturwissenschaft. Akademie-Verlag Berlin 1981, 275 S.
Nationale oder vergleichende Literaturgeschichte? Zur Geschichte des komparatistischen literaturwissenschaftlichen Denkens in Deutschland 1848–1933. In: Weimarer Beiträge 1982, 11, S. 6–27
Zum geistesgeschichtlichen Erbe der deutschen Germanistik. In: Geschichte und Funktion der Literaturgeschichtsschreibung (=Sitzungsberichte der Akademie der Wissenschaften der DDR. Gesellschaftswissenschaften) Berlin 1982, S. 74–78
Europäischer Romantisme und deutscher Vormärz. In: G. Ziegengeist (Hg.): Slawische Kulturen in der Geschichte der europäischen Kulturen vom 18. bis zum 20. Jahrhundert. Internationaler Studienband. Berlin 1982, S. 181–185
Hogyan szállt át az irodalomtörténetírás hatásköre a germanisztikára. In: Helikon.Világirodalmi figyelő 1982/1, S. 39 – 61 = Der Kompetenzübergang der Literaturgeschichtsschreibung auf die Germanistik... (ungarische Übersetzung)
Literatur und proletarische Kultur. Beiträge zur Kulturgeschichte der deutschen Arbeiterklasse im 19. Jahrhundert. Hg. zus. mit Dietrich Mühlberg, Akademie-Verlag Berlin 1983. Darin: Die Literatur der Arbeiterbewegung als Forschungsgegenstand der Literaturwissenschaft, S. 45–74
Zur Bedeutung von Jacob Grimms Konzeption der philologischen Germanistik für die Entwicklung der Literaturwissenschaft. In: Zeitschrift für Germanistik 1986, 1, S. 33–40.
Nachwort. In: Wilhelm Dilthey: Das Erlebnis und die Dichtung. Hg. v. Rainer Rosenberg. Leipzig, Reclam-Verlag. Publikationsverbot (1984. Erschien 1990. 2. Aufl. 1991)
Stil und Stilauffassung in der Literaturgeschichte. In: F. Möbius (Hg.): Stil und Gesellschaft. Ein Problemaufriß. Dresden 1984, S. 70 – 85
„Wechselseitige Erhellung der Künste"? Zu Oskar Walzels stiltypologischem Ansatz der Literaturwissenschaft. In: H. U. Gumbrecht/K. L. Pfeiffer (Hgg.): Stil. Geschichten und Funktionen eines kulturwissenschaftlichen Diskurselements. Frankfurt/M. 1986, S. 269–280
Das Selbstverständnis der Literaturwissenschaft. Zur Geschichte der deutschen Germanistik 1900–1933. In: Weimarer Beiträge 1986, 3, S. 357–385

Geschichte der deutschen Literatur im 19. Jahrhundert. Vom Vormärz zum Naturalismus. Von einem Autorenkollektiv unter Leitung von Kurt Böttcher in Zusammenarbeit mit Rainer Rosenberg, Helmut Richter, Paul Günter Krohn und Peter Wruck. Mitarbeit Kurt Krolop (= überarbeitete und gekürzte Neuausgabe der Bände 8,1 und 8,2 der „Geschichte der deutschen Literatur"). Volk und Wissen Verlag Berlin 1987

Jungdeutsche Klassik- und Romantik-Kritik. In: J. A. Kruse/B. Kortländer (Hgg.): Das Junge Deutschland. Kolloquium zum 150. Jahrestag des Verbots vom 10. Dezember 1835. Hamburg 1987, S. 52–64

Die Sublimierung der Literaturgeschichte oder: ihre Reinigung von den Materialitäten der Kommunikation. In: H. U. Gumbrecht/K. L. Pfeiffer (Hgg.): Materialität der Kommunikation. Frankfurt/M. 1988, S. 107–120

Epochengliederung. Zur Geschichte des Periodisierungsproblems in der deutschen Literaturgeschichtsschreibung. In: Deutsche Vierteljahrsschrift für Literaturwissenschaft und Geistesgeschichte (DVjs). Sonderheft 1987, S. 216–235. Wieder abgedruckt in: F. Möbius/H. Sciurie (Hgg.): Stil und Epoche. Periodisierungsfragen. Dresden 1989, S. 287–308

Literatur – Unterhaltungsliteratur – Dichtung. Literaturbegriff und Literaturgeschichtsschreibung. In: Weimarer Beiträge 1989, 2, S. 181–207

Literaturwissenschaftliche Germanistik. Zur Geschichte ihrer Probleme und Begriffe. Akademie-Verlag Berlin 1989, 304 S.

Paris – die Exilhauptstadt der deutschen Literatur des 19. Jahrhunderts. In: Zeitschrift für Germanistik 1989, 3, S. 261–273

Walter Dietze und die Diskussion um das Junge Deutschland. In: Germanistische Forschungsprobleme. In memoriam Walter Dietze (=Sitzungsberichte der Akademie der Wissenschaften der DDR. Gesellschaftswissenschaften) Berlin 1989, S. 54–61

Eine verworrene Geschichte. Vorüberlegungen zu einer Biographie des Literaturbegriffs. In: Zeitschrift für Literaturwissenschaft und Linguistik (LiLi) 20. Jg. (1990), 77, S. 36–65. Erweiterte Fassung in: K. Barck/M. Fontius/W. Thierse (Hgg.): Ästhetische Grundbegriffe. Studien zu einem historischen Wörterbuch. Berlin 1990, S. 93–133

Zur Geschichte der literaturwissenschaftlichen Germanistik in der DDR. In: J. Fohrmann/W. Voßkamp (Hgg.): Wissenschaft und Nation. Zur Entstehungsgeschichte der deutschen Literaturwissenschaft. München 1991, S. 29–41

Literaturwissenschaftliche Germanistik. Zur Geschichte ihrer Probleme und Begriffe. Übersetzung ins Japanische. Tokyo 1991

Zur Geschichte der Literaturwissenschaft in der DDR. In: Zeitschrift für Germanistik. Neue Folge 2/91, S. 247–256. Wiederabgedruckt in: J. Drews/ Chr. Lehmann (Hgg.): Dialog ohne Grenzen. Beiträge zum Bielefelder Kolloquium zur Lage von Linguistik und Literaturwissenschaft in der ehemaligen DDR. Bielefeld 1991, S. 11–35

Über den Erfolg des Barockbegriffs in der Literaturgeschichte: Oskar Walzel und Fritz Strich. In: K. Garber (Hg.): Europäische Barock-Rezeption. Teil I. Wiesbaden 1991, S. 113–128

Epochen. In: H. Brackert/J. Stückrath (Hg.): Literaturwissenschaft. Ein Grundkurs. Reinbek 1992, S. 269–280

(Artikel:) Epoche. In: W. Killy (Hg): Literaturlexikon. Bd. 13. Begriffe, Realien, Methoden. München 1992, S. 228–230

Georg Weerth in der deutschen Literaturgeschichtsschreibung. In: M. Vogt (Hg.): Georg Weerth (1822–1856). Referate des I. Internationalen Georg-Weerth-Colloquiums 1992. Bielefeld 1993, S. 173–187

Der ritualisierte Diskurs. Das Modell der offiziellen sowjetischen Literaturtheorie der 50er Jahre. In: Zeitschrift für Germanistik. Neue Folge 1/93, S. 99–109

(Artikel:) Moses Heß. In: Lexikon sozialistischer Literatur. Ihre Geschichte in Deutschland bis 1945. Verlag J. B. Metzler Stuttgart/Weimar 1994, S. 202–203

(Artikel:) Ferdinand Lassalle. In: Lexikon sozialistischer Literatur. Ihre Geschichte in Deutschland bis 1945. Verlag J. B. Metzler Stuttgart/Weimar 1994, S. 285–287

(Artikel:) Sickingen-Debatte. In: Lexikon sozialistischer Literatur. Ihre Geschichte in Deutschland bis 1945. Verlag J. B. Metzler Stuttgart/Weimar 1994, S. 435–437

Was war DDR-Literatur? Die Diskussion um den Gegenstand in der Literaturwissenschaft der Bundesrepublik Deutschland. In: Zeitschrift für Germanistik. Neue Folge 1/95, S. 9–21

Literaturwissenschaftliche Germanistik in der DDR. In: Chr. König (Hg.): Germanistik in Mittel- und Osteuropa 1945–1992. Berlin/New York 1995, S. 41–50

Germanistik und Komparatistik in der DDR. In: H. Birus (Hg.): Germanistik und Komparatistik. DFG-Symposion 1993. Stuttgart 1995, S. 28–36

Die Formalismus-Diskussion in der ostdeutschen Nachkriegsgermanistik. In: W. Barner/Chr. König (Hgg.): Zeitenwechsel. Germanistische Literaturwissenschaft vor und nach 1945. Frankfurt/M. 1996, S. 301–312

Journalliteratur im Vormärz. Redaktion (zus. mit D. Kopp) und Einleitung, S. 11–13. Bielefeld 1996

Wiedervereinigung der deutschen Literaturgeschichte? In: Jahrbuch der deutschen Schillergesellschaft. Bd XL 1996, S. 470–474

Deutsche Literaturwissenschaft 1945–1965. Fallstudien zu Institutionen, Diskursen, Personen. Hg. zus. mit Petra Boden, Akademie Verlag Berlin 1997, 463 S. Darin: Vorwort, S. VII–X; Zur Begründung der marxistischen Literaturwissenschaft in der DDR, S. 203–240

Rejet de l'art moderne au nom de la morale: le débat littéraire en Allemagne dans les années 50 et 60. In: Revue germanique internationale 8/1997, S. 213–224

Literarischer Stil. Komplikationen des Stilbegriffs in der Literaturwissenschaft. In: Zeitschrift für Germanistik. Neue Folge 3/1997, S. 487–509

Eine «neue Literatur» am «Ende der Kunst»? In: Lothar Ehrlich, Hartmut Steinecke, Michael Vogt (Hgg.): Vormärz und Klassik, Bielefeld 1999, S. 151–161

Zu aktuellen Problemen der Literaturgeschichtsschreibung. In: Regina Fasold u. a. (Hgg.): Begegnung der Zeiten. Festschrift für Helmut Richter zum 65. Geburtstag, Leipzig 1999, S. 389–399

«Aufklärung» in der deutschen Literaturgeschichtsschreibung des 19. Jahrhunderts. In: Holger Dainat/Wilhelm Voßkamp (Hgg): Aufklärungsforschung in Deutschland (= Beihefte zum Euphorion 32), Heidelberg 1999, S. 7–20

Literaturwissenschaft als Geistesgeschichte. Die Weiterungen für den Stilbegriff. In: Zur Geschichte und Problematik der Nationalphilologien in Europa. 150 Jahre Erste Germanistenversammlung in Frankfurt am Main (1846-1896), Tübingen 1999, S. 501 – 509

Literaturwissenschaft und Kulturwissenschaft: In: Eckart Goebel/Wolfgang Klein (Hgg.): Literaturforschung heute, Berlin 1999, S. 276–285

Der Geist der Unruhe. 1968 im Vergleich: Wissenschaft – Literatur – Medien. (Hg. zus. mit Inge Münz-Koenen und Petra Boden), Akademie Verlag Berlin 2000, 351 S. Darin: Vorwort, S. IX–XIV, Die sechziger Jahre als Zäsur in der deutschen Literaturwissenschaft. Theoriegeschichtlich, S. 153–180

Über die Schwierigkeiten der DDR-Literaturwissenschaft mit den politischen Vormärz-Schriftstellern. In: Walter Schmidt (Hg.): Bürgerliche Revolution und revolutionäre Linke, Berlin 2000, S. 207–216.

Das klassische Erbe in der Literaturgeschichtsschreibung der DDR. In: L. Ehrlich/G. Mai (Hgg.): Weimarer Klassik in der Ära Ulbricht, Weimar/Wien 2000, S. 185–194.

(Artikel:) Kanon. In: Reallexikon der deutschen Literaturwissenschaft. Neubearbeitung des Reallexikons der deutschen Literaturgeschichte. Bd. II, Berlin/New York 2000, S. 224–227

(Artikel:) Klassiker. In: Reallexikon der deutschen Literaturwissenschaft. Neubearbeitung des Reallexikons der deutschen Literaturgeschichte. Bd. II, Berlin/New York 2000, S. 274–276

(Artikel:) Literaturgeschichtsschreibung. In: Reallexikon der deutschen Literaturwissenschaft. Neubearbeitung des Reallexikons der deutschen Literaturgeschichte. Bd. II, Berlin/New York 2000, S. 458–463

Die deutsche Literaturwissenschaft in den siebziger Jahren. Ansätze zu einem theoriegeschichtlichen Ost-West-Vergleich. In: S. Vietta/D. Kemper (Hgg.): Germanistik der siebziger Jahre. Zwischen Innovation und Ideologie. München 2000, S. 83–100

Georg Lukács: Die Zerstörung der Vernunft. In: W. Erhardt/H. Jaumann (Hgg.): Jahrhundertbücher. Große Theorien von Freud bis Luhmann, München 2000, S. 262–277

Der geisteswissenschaftliche Diskurs der Moderne in der deutschen Literaturwissenschaft. In: M. Köppen/R. Steinlein (Hgg.): Passagen. Literatur – Theorie – Medien, Berlin 2001, S. 221–244

Literaturwissenschaft und Kulturwissenschaft. In: Waseda Blätter. Hg. von der Germanistischen Gesellschaft der Universität Waseda c/o Waseda-Daigaku Bungakubu Doitsubungaku-Senshûshitsu Tokyo, 8 2001, S. 58–71.

Die Semantik der Szientifizierung. Die Paradigmen der Sozialgeschichte und des linguistischen Strukturalismus als Modernisierungsangebote an die deutsche Literaturwissenschaft. In: G. Bollenbeck/C. Knobloch (Hgg.): Semantischer Umbau der Geisteswissenschaften nach 1933 und 1945, Heidelberg 2001, S. 122–131.

(Artikel:) Literarisch/Literatur. In: Karlheinz Barck u. a. (Hgg.): Ästhetische Grundbegriffe. Historisches Wörterbuch in sieben Bänden, Bd. 3, Stuttgart/Weimar 2001, S. 665–693.

Nach der Wiedervereinigung: Wiedervereinigung der deutschen Literaturgeschichte? In: F. Cambi/ A. Fambrini (Hgg.): Zehn Jahre nachher. Poetische Identität und Geschichte der deutschen Literatur nach der Vereinigung, Trento 2002, S. 43–56.

Respondenz zu K. Ludwig Pfeiffer: Lichtenberg, Hegel und die ausgebliebenen Folgen. In: I. Münz-Koenen/W. Schäffner (Hgg): Masse und Medium, Berlin 2002, S. 218–223.

Zum Problem der Konstituierung literaturgeschichtlicher Epochenbegriffe. In: Mitteilungen des Deutschen Germanistenverbandes 49. Jg. (2002), Heft 3, S.308–318.

(Artikel: ) Positivismus. In: Reallexikon der deutschen Literaturwissenschaft. Neubearbeitung des Reallexikons der deutschen Literaturgeschichte. Bd. III, Berlin/New York 2003, S. 131 – 134.

Von deutscher Art zu Gedicht und Gedanke. In: Holger Dainat/Lutz Danneberg (Hgg.): Literaturwissenschaft und Nationalsozialismus, Tübingen 2003, S. 263–270.

Das Junge Deutschland – die dritte romantische Generation? In: Wolfgang Bunzel/Peter Stein/Florian Vaßen (Hgg.): Romantik und Vormärz. Zur Archäologie literarischer Kommunikation in der ersten Hälfte des 19. Jahrhunderts, Berlin 2003, S. 49 – 65.

Verhandlungen des Literaturbegriffs. Studien zu Geschichte und Theorie der Literaturwissenschaft. Akademie Verlag Berlin 2003, 359 S.

(Artikel:) Stil: Einleitung; I. Literarischer Stil. In: Karlheinz Barck u. a. (Hgg.): Ästhetische Grundbegriffe. Historisches Wörterbuch in sieben Bänden, Bd. 5, Stuttgart/Weimar 2003, S. 641–664.

Paradigma und Diskurs. In: Weimarer Beiträge 2006, 4, S. 602 – 622.

Literaturwissenschaft als Kulturwissenschaft. In: Weimarer Beiträge 2007, 2, S. 165 – 187.

Reformation – Aufklärung – Revolution. Zum Aufklärungsdiskurs in der konfessionellen Literaturgeschichtsschreibung des Vormärz. In: Wolfgang Bunzel/Norbert Eke/Florian Vaßen (Hgg.): Der nahe Spiegel. Vormärz und Aufklärung, Bielefeld 2008, S. 139 – 151.

Der Schreibgestus als Seismograph sich ankündigender Erschütterungen. Die Jahrgänge 1988/89 der „Weimarer Beiträge". In: Wolfgang Adam/Holger Dainat/Dagmar Ende (Hgg.): *Weimarer Beiträge* – Fachgeschichte aus zeitgenössischer Perspektive, Frankfurt a. M./Berlin/Bern u. a. 2009, 263–272.

Die deutschen Germanisten. Ein Versuch über den Habitus. Aisthesis Verlag Bielefeld 2009, 172 S.

Literaturwissenschaftliche Germanistik in der DDR. Zum intellektuellen Habitus ihrer Vertreter. In: Brigitte Peters/Erhard Schütz (Hgg.), 200 Jahre Berliner Universität. 200 Jahre Berliner Germanistik 1810 – 2010 (= Publikationen zur Zeitschrift für Germanistik 23, Bern, Berlin, Bruxelles u. a. 2011, S. 241–269.

Heinrich Heine. Das Programm einer politischen Literatur (1972). In: Dietmar Goltschnigg/Hartmut Steinecke (Hrsg.), Heinrich Heine und die Nachwelt. Geschichte seiner Wirkung in den deutschsprachigen Ländern. Texte und Kontexte, Analysen und Kommentare, Bd. 3, Berlin 2011, S. 279–284.

‚Bürgerliche' Professoren – Remigranten – Nachwuchskader. Typische Habitusformen in der DDR-Germanistik der 1950er und 60er Jahre. In: Jan Cölln/Franz-Josef Holznagel (Hgg.), Positionen der Germanistik in der DDR. Personen – Forschungsfelder – Organisationsformen, Berlin/New York 2012, S. 68 – 90.

# II. Rezensionen

*(RD = Referatedienst zur Literaturwissenschaft)*

Begriffsbestimmung des literarischen Realismus. Hg. von R. Brinkmann. Darmstadt 1969 In: RD 3 (1971) 1, S. 39–40

Deutsche Dichter des 19. Jahrhunderts. Ihr Leben und Werk. Hg. von B. v. Wiese. Berlin 1969. In: RD 4 (1972) 1, S. 55–56

Friedrich Sengle: Biedermeierzeit. Deutsche Literatur im Spannungsfeld zwischen Restauration und Revolution 1815–1848. Bd. I. Stuttgart 1971. In: RD 4 (1972) 3, S. 307–310

Helmut Koopmann: Das junge Deutschland. Analyse seines Selbstverständnisses. Stuttgart 1970. In: RD 5 (1973) 1, S. 75–76

Friedrich Sengle: Biedermeierzeit. Bd. II. Die Formenwelt. Stuttgart 1972. In: RD 5 (1973) 5, S. 565–566

Peter Stein (Hg.): Theorie der politischen Dichtung. Neunzehn Aufsätze. München 1973. In: RD 6 (1974) 5, S. 549–551

L. Dymschiz: Karl Marx und Friedrich Engels und die deutsche Literatur. In: Weimarer Beiträge 1974, 9, S. 175–182

Leo Löwenthal: Erzählkunst und Gesellschaft. Neuwied/Berlin 1971. In: RD 6 (1974) 5, S. 599–601

Politisches Gedicht und revolutionärer Kampf. Konferenz zum 100. Todestag Georg Herweghs. Berlin 1974. In: RD 7 (1975), , S. 189–190

Gert Mattenklott/Klaus Scherpe (Hgg.): Demokratisch-revolutionäre Literatur in Deutschland: Vormärz. (= Bd. 3/2 der Reihe „Literatur im historischen Prozeß") Kronberg/Ts. 1974. In: Weimarer Beiträge 1976, 10, S. 162–174

J.J. Müller (Hg.): Germanistik und deutsche Nation 1806–1848. Zur Konstitution bürgerlichen Bewußtseins. (= Literaturwissenschaft und Sozialwissenschaften Bd. II) Stuttgart 1974. In: RD 9 (1977) 2, S. 171–172

Ja. I. Gordon: Gejne v Rossii (1830–1860-e gody). Duschanbe 1973. In: RD 9 (1977) 2, S. 201 – 202

Georg Lukács, Agnes Heller, Ferenc Fehér u. a.: Individuum und Praxis. Positionen der Budapester Schule. Frankfurt/M. 1975. In: RD 10 (1978) 3, S. 86–188

Dietrich Papenfuss/Jürgen Söring (Hgg.): Rezeption der deutschen Gegenwartsliteratur im Ausland. Internationale Forschungen zur neueren deutschen Literatur. Berlin – Köln – Mainz 976. In: RD 13 (1981) 2, S. 219–222

Agnes Heller, Ferenc Fehér, György Márkus u. a.: Die Seele und das Leben. Studien zum frühen Lukács. Frankfurt/M. 1977. In: RD 13 (1981) 11, S. 29–30

Hugo Moser: Karl Simrock. Universitätslehrer und Poet, Germanist und Erneuerer von „Volkspoesie" und älterer „Nationalliteratur". Berlin 1976. In: RD 14 (1982) 3, S. 333–334

Gerhard R. Kaiser: Einführung in die vergleichende Literaturwissenschaft. Forschungsstand – Kritik – Aufgaben. Darmstadt 1980. Manfred Schmeling (Hg.): Vergleichende Literaturwissenschaft. Theorie und Praxis. Wiesbaden 1981. In: RD 14 (1982) 3, S. 311–314

Claus Träger: Studien zur Erbetheorie und Erbeaneignung. Leipzig 1981. In: Zeitschrift für Germanistik 2/85, S. 226–229

Peter Uwe Hohendahl: Literarische Kultur im Zeitalter des Liberalismus 1830–1870. München 1985. In: RD 18 (1986) 3, S. 357–358
Peter Uwe Hohendahl (Hg.): Geschichte der deutschen Literaturkritik (1730–1980). Stuttgart 1985. In: RD 18 (1986) 4, S. 517–520
Sybille Obenaus: Literarische und politische Zeitschriften 1830–1848. Stuttgart 1986. Sybille Obenaus: Literarische und politische Zeitschriften 1848–1880. Stuttgart 1987. In: RD 20 (1988) 2, S. 243–244
Gangolf Hübinger: Georg Gottfried Gervinus. Hitorisches Urteil und politische Kritik. Göttingen 1984. In: RD 20 (1988) 4, S. 653–654
Eckhard Grunwald: Friedrich Heinrich von der Hagen 1780–1865. Ein Beitrag zur Frühgeschichte der Germanistik. Berlin – New York 1988. In: Jahrbuch für Internationale Germanistik XXI (1989) 1, S. 124 -127
Klaus Weimar: Geschichte der deutschen Literaturwissenschaft bis zum Ende des 19. Jahrhunderts. München 1989. In: RD 22 (1990) 1, S. 15–18
Jürgen Fohrmann: Das Projekt der deutschen Literaturgeschichte. Entstehung und Scheitern einer nationalen Poesiegeschichtsschreibung zwischen Humanismus und Deutschem Kaiserreich. Stuttgart 1989. In: RD 23 (1991) 2, S. 181–184
Hartmut Eggert, Ulrich Profitlich, Klaus R. Scherpe (Hgg.): Geschichte als Literatur. Formen und Grenzen der Repräsentation von Vergangenheit. Stuttgart 1990. In: RD 23 (1991) 2, S. 167–170
Peter Pór, Sándor Radnóti (Hgg.): Stilepoche. Theorie und Diskussion. Eine interdisziplinäre Anthologie von Winckelmann bis heute. Frankfurt/M. – Bern – New York – Paris 1990. In: Zeitschrift für Germanistik. Neue Folge 1/92, S. 202–203
Jürgen Fohrmann: Das Projekt der deutschen Literaturgeschichte. Stuttgart 1989. In: Arbitrium. Zeitschrift für Rezensionen zur germanistischen Literaturwissenschaft 2/1992, S. 136–139
Transformationen des Literarischen in den Modernisierungsprozessen des 19. und 20. Jahrhunderts. Kolloquium, veranstaltet vom Forschungsschwerpunkt Literaturforschung der Förderungsgesellschaft Wissenschaftliche Neuvorhaben vom 9.–11. Oktober 1992 in Berlin. In: RD 25 (1993) 1, S. 7–14 (zusammen mit Michael Franz)
Lutz Danneberg/Friedrich Vollhardt (Hgg.): Vom Umgang mit Literatur und Literaturgeschichte. Positionen und Perspektiven nach der „Theoriedebatte". Stuttgart 1992. In: RD 25 (1993) 1, S. 15–22

Michael Schlott: Hermann Hettner. Idealistisches Bildungsprinzip versus Forschungsimperativ. Zur Karriere eines „undisziplinierten" Gelehrten im 19. Jahrhundert. Tübingen 1993. In: RD 26 (1994) 2, S. 209–210
Michael Schlott: Hermann Hettner. Idealistisches Bildungsprinzip versus Forschungsimperativ. In: Germanistik. Internationales Referateorgan mit bibliographischen Hinweisen. 35. Jg. (1994) 2, S. 382
Jürgen Fohrmann/Wilhelm Voßkamp (Hgg.): Wissenschaftsgeschichte der Germanistik. Stuttgart/Weimar 1994. In: Jahrbuch für Internationale Germanistik XXVIII (1996) 1, S. 120–124
Jürgen Fohrmann/Wilhelm Voßkamp (Hgg.): Wissenschaftsgeschichte der Germanistik. Stuttgart/Weimar 1994. Michael Ansel: G. G. Gervinus' Geschichte der poetischen National-Literatur der Deutschen. Frankfurt/M., Bern, New York, Paris 1990. Ulrike Haß-Zumkehr: Daniel Sanders. Aufgeklärte Germanistik im 19. Jahrhundert. Berlin/New York 1995. In: RD 28 (1996) 4, S. 597–602
Christoph König/Eberhard Lämmert (Hgg.): Literaturwissenschaft und Geistesgeschichte 1910 bis 1925. Frankfurt/M. 1993. In: Arbitrium. Zeitschrift für Rezensionen zur germanistischen Literaturwissenschaft 2/1997, S. 241–244
Frank-Rutger Hausmann: „Deutsche Geisteswissenschaft" im Zweiten Weltkrieg. Die „Aktion Ritterbusch" (1940–1945). In: Arbitrium. Zeitschrift für Rezensionen zur germanistischen Literaturwissenschaft 3/2000, S. 247–248.
Christoph König/Eberhard Lämmert (Hgg.): Konkurrenten in der Fakultät. Kultur, Wissen und Universität um 1900. Frankfurt/M. 1999. In: Arbitrium. Zeitschrift für Rezensionen zur germanistischen Literaturwissenschaft 1/2001, S. 1–2.
Ralf Klausnitzer/Carlos Spoerhase (Hgg.): Kontroversen in der Literaturtheorie/Literaturtheorie in der Kontroverse. In: Weimarer Beiträge, 2009, 10, S. 463-467.

**Berliner Beiträge zur Wissens- und Wissenschaftsgeschichte**

Begründet von Wolfgang Höppner
Herausgegeben von Lutz Danneberg und Ralf Klausnitzer

Band 1 Gesine Bey (Hrsg.): Berliner Universität und deutsche Literaturgeschichte. Studien im Dreiländereck von Wissenschaft, Literatur und Publizistik. 1998.

Band 2 Sabine Heinz (Hrsg.) unter Mitarbeit von Karsten Braun: Die Deutsche Keltologie und ihre Berliner Gelehrten bis 1945. Beiträge zur internationalen Fachtagung *Keltologie an der Friedrich-Wilhelms-Universität vor und während des Nationalsozialismus* vom 27.-28.03.1998 an der Humboldt-Universität zu Berlin. 1999.

Band 3 Jörg Judersleben: Philologie als Nationalpädagogik. Gustav Roethe zwischen Wissenschaft und Politik. 2000.

Band 4 Jürgen Storost: 300 Jahre romanische Sprachen und Literaturen an der Berliner Akademie der Wissenschaften. Teil 1 und 2. 2001.

Band 5 Jost Hermand / Michael Niedermeier: Revolutio germanica. Die Sehnsucht nach der „alten Freiheit" der Germanen. 1750-1820. 2002.

Band 6 Levke Harders: Studiert, promoviert: Arriviert? Promovendinnen des Berliner Germanischen Seminars (1919-1945). 2004.

Band 7 Eric J. Engstrom / Volker Hess / Ulrike Thoms (Hrsg.): Figurationen des Experten. Ambivalenzen der wissenschaftlichen Expertise im ausgehenden 18. und frühen 19. Jahrhundert. 2005.

Band 8 Lutz Danneberg / Wolfgang Höppner / Ralf Klausnitzer (Hrsg.): Stil, Schule, Disziplin. Analyse und Erprobung von Konzepten wissenschaftsgeschichtlicher Rekonstruktion (I). 2005.

Band 9 Ina Lelke: Die Brüder Grimm in Berlin. Zum Verhältnis von Geselligkeit, Arbeitsweise und Disziplingenese im 19. Jahrhundert. 2005.

Band 10 Ulrike Eisenberg: Vom „Nervenplexus" zur „Seelenkraft". Werk und Schicksal des Berliner Neurologen Louis Jacobsohn-Lask (1863-1940). 2005.

Band 11 Andreas Möller: Aurorafalter und Spiralnebel. Naturwissenschaft und Publizistik bei Martin Raschke 1929-1932. 2006.

Band 12 Jutta Hoffmann: Nordische Philologie an der Berliner Universität zwischen 1810 und 1945. Wissenschaft–Disziplin–Fach. 2010.

Band 13 Axel C. Hüntelmann / Michael C. Schneider (Hrsg.): Jenseits von Humboldt. Wissenschaft im Staat 1850-1990. 2010.

Band 14 Jan Behrs / Benjamin Gittel / Ralf Klausnitzer: Wissenstransfer. Konditionen, Praktiken, Verlaufsformen der Weitergabe von Erkenntnis. Analyse und Erprobung von Konzepten wissenschaftsgeschichtlicher Rekonstruktion (II). 2013.

Band 15 Rainer Rosenberg: Innenansichten zur Wissenschaftsgeschichte. Vorläufige Bilanz eines Literaturwissenschaftlers. 2014.